WILEY

做中学丛书

24 堂星座实验课

Janice VanCleave's Constellations for Every Kid

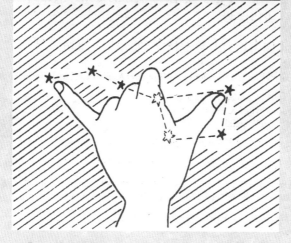

【美】詹妮丝·范克里夫 著　　林文华 译

上海科学技术文献出版社
Shanghai Scientific and Technological Literature Press

图书在版编目（CIP）数据

24堂星座实验课 /（美）詹妮丝·范克里夫著；林文华译．
—上海：上海科学技术文献出版社，2014.12
（做中学）
ISBN 978-7-5439-6403-7

Ⅰ．① 2… Ⅱ．①詹…②林… Ⅲ．①星座—青少年读
物 Ⅳ．① P151-49

中国版本图书馆 CIP 数据核字（2014）第 244628 号

版权所有·翻印必究 图字：09-2013-532

责任编辑：石　婧
装帧设计：有滋有味（北京）
装帧统筹：尹武进

24堂星座实验课
［美］詹妮丝·范克里夫　著　林文华　译
出版发行：上海科学技术文献出版社
地　　址：上海市长乐路 746 号
邮政编码：200040
经　　销：全国新华书店
印　　刷：常熟市人民印刷有限公司
开　　本：650×900　1/16
印　　张：14.25
字　　数：154 000
版　　次：2014 年 12 月第 1 版　2018 年 6 月第 2 次印刷
书　　号：ISBN 978-7-5439-6403-7
定　　价：20.00 元
http://www.sstlp.com

目 录

前言　1

1. 星光璀璨　1

2. 空中之位——在天球上寻
   找恒星及其位置　9

3. 随时空变化的天空——
   确定能看到的星座的不
   同位置　19

4. 如何运用星图寻找星座　29

5. 寻找拱极星座　39

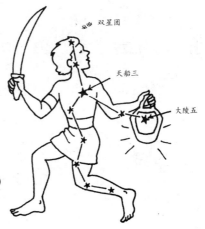

英 仙 座

仙 后 座

6. 寻找大熊座　50

7. 寻找小·熊座　57

8. 寻找仙后座　66

9. 寻找仙王座　77

10. 寻找天龙座　85

11. 寻找黄道星座　94

12. 寻找天秤座　103

13. 寻找人马座　112

14. 寻找狮子座　122

15. 如何比较恒星的亮度　132

16. 寻找春季星空中的星座　141

17. 寻找长蛇座　153

18. 寻找夏季星空中的星座　161

19. 寻找武仙座　168

20. 寻找秋季星空中的星座　175

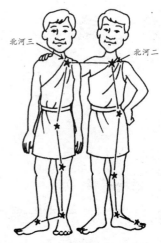

双子座

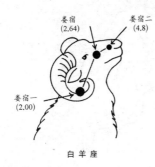

白羊座

21. 探测英仙座　184

22. 寻找冬季星空中的星座　192

23. 确定冬季星座中的星型　199

24. 寻找猎户座　206

附录　四季星图　215

译者感言　219

前　言

　　本书介绍的是有关星座的知识。"星座"的意思是"星星的组合"。早期的观星者们用星星做连点游戏。他们想象星星之间有连线,形成多种形状,比如熊、狗、龙、狮子和飞马等动物,还有国王、王后、困境中的少女和救她的英雄等人物。在由天空中的小点构成的图画中则形成了茶杯、秤、大斗、小斗一类的物品形状。

　　星座的名称不仅世代相传,而且传遍各国,它们的拉丁名称至今仍被使用。尽管星座的名称相同,有关星座的故事却因各国文化的不同而不同。

　　本书将介绍如何找到天空中的许多星座,并回答有关恒星和夜空中其他天体的问题,比如,什么是银河？星星离地球有多远？地球上不同地方的人能看到同样的星星吗？

如何使用星图

　　根据星图可以找到星座。本书的星图上只显示较亮的恒星和本书中谈及的星座,并不显示所有能看到的星座。有关每个季节更完整的星图,可参照附录。

　　书中的五角星和圆圈表示恒星。每个星座中的恒星之间用虚线连接起来,构成了早期的观星者们想象出来的图形。星图上标有星座和恒星的名称。星图底部所标的方向是你必须面对的方向,这样你就能看到对应的星座及恒星了。

即使是同一片天空,人们处在不同的纬度所看到的情况也会有所不同,因此,本书中的所有星图都选择了40°N(北纬40°,北京位于40°N附近)来描述星座的位置。如果你住在40°N以北的地区,就能看到北地平线附近的恒星,但它们没有在星图上显示出来,而星图上处于南地平线附近的恒星更靠近地平线,或者在地平线的下方,因而也不在视线之内。如果你住在40°N以南的地区,情况恰好相反。在25°—50°N的地区,书中的星图非常有用。

40°N的星座处在星图上所显示的大体位置上,并且标有日期和时间。尽管任何一个时区内的时间都是相同的,但即使是在同一时间,这个时区内不同地方的观察者们所看到的同一个星座的位置也是不同的。星图上显示的恒星是以你所在时区的中央经度为准的,如果你处于所在时区的中央经度的西边,相对星图上显示的位置而言,天空中的星座就会略微偏东。如果你处于所在时区的中央经度的东边,相对星图上显示的位置而言,天空中的星座就会略微偏西。如果想找到比星图上显示的更早时间的星座,就必须向更东的方向看去。想找到更晚时间的星座,就必须向更西的方向看去。

一张扁平的星图看上去就像是有4条相同手臂的十字架,弧形的边线向外延伸。每条手臂各表示一个方向:北、南、东、西。每条手臂的外端代表地平线,并且写有"脸朝北""脸朝南"等字样,以便让你知道星图和天空之间的一致关系。如果星图的下面写有"脸朝南",你就脸朝南,这样星图和天空就达成一致。星图的中心是4条手臂的交汇点,正上方被称做天顶,用"+"表示。

　　研究星座的关键在于要有晴好的夜空和一点耐心。刚开始时你可能需要几分钟才能找到一个星座,所以不要着急,要放松心情。草坪上的一张椅子或一条毯子就能使你舒适随意地凝望天空。找到星座后,你就可以寻找自己想象中的图形,然后编出精彩动人的故事。

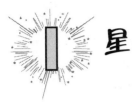

星光璀璨

知识必备

数千年前，人们就讲述有关星星的故事。在他们的想象中，不同的星星之间有着连线，把星星连接起来，组成不同的形状，代表故事中不同的人物和事物。这些故事世代相传。随着岁月的流逝，故事内容或许有所演变，天空中的星星却一如既往。早期的观星者们想象出来的图形现在被称为星座。天空中共有88座举世公认的星座。只有在地球的**赤道**(一条假想的以东西向围绕地球中心表面一圈的线)上才能看到大部分星座，但即使在赤道上，你也不能同时观察到所有的星座，因为地球挡住了你观看天空的部分视线。

在晴好的夜晚，你可以看到一条朦胧的银白色云状星光带跨过夜空，从地平线的一端延伸至另一端，这就是银河。古希腊人把银河称为 Milky Way，把它想象成是天上的神后喂养婴儿时流淌出来的乳汁形成的，横贯天空。仔细观察银河，你会看到其中的黑色条纹，那是银河大暗隙，在太空中弥漫几百万千米。银河大暗隙只是暗星云的一部分，暗星云本身不会发光，而且密度很大，部分或是全部遮挡住其后面的恒星所发出的光亮。

　　银河穿过银河系。银河系由大量的星星、尘埃和气体组成。由于引力的作用,这些星星、尘埃和气体便聚集在一起。

　　从上往下看,银河系宛如一辆旋转着的风车。从侧面看,银河系又像一张中部略微隆起的扁平的碟片。这种形状的星系叫做**漩涡星系**,有一个明亮而高密度的中心,四周是恒星、行星和其他天体的螺旋臂。整个银河系围绕自己的中心在太空中旋转。我们所处的太阳系就在其中的一个漩涡星系中,以每小时90万千米的速度围绕银河系的中心迅速旋转。环绕银河系一周,太阳系得用上约200万年。

　　构成星座的恒星并不像许多图上画的那样,真的有5个尖角。事实上,它们主要是由氢气和氦气组成的巨大天体。恒星的中心密度很大(各种物质紧密聚集在一起),温度很高。高温使原子快速运动,核心部分(即原子核)便熔化,相互碰撞时会结合在一起构成一个新的核。在一系列的过程中,4个氢核熔化成一个巨大的氦核,同时散发出大量的热能和光能。这一过程叫做**聚变**。

　　所有的恒星、太阳、月亮和行星都叫做天体。围绕太阳旋转的巨大天体叫做**行星**。围绕太阳这颗恒星旋转的一群天体叫做太阳系。太阳是最明亮、离地球最近的一颗恒星。太阳和其他恒星不断地发光,但太阳只在白天被看到,而其他恒星通常只在晚上被看到。白天的阳光如此强烈,因而人们无法看到这些恒星的星光。

　　夜间,太阳被地球的**地平线**(天空和地球看上去似乎连接在一起的那条线)挡住。尽管我们看不到太阳,但还能看到其光亮,因为阳光从月亮和行星的表面反射出来。夜空中明亮的月亮和一些行星实际上并不会发光，只是阳光照射到了它们的表面。

　　天体间的空隙几乎是漆黑一片，空空荡荡。**星际物质**（存在于天体间的物质）中大约 99% 为气体，而其中的大部分为氢气，仅 1% 为星际尘埃，这种尘埃不同于房屋四周的灰尘。房屋灰尘主要由布料、尘埃和死皮细胞的微小粒子构成，而星际尘埃只有在显微镜下才能被看到，主要成分为碳和硅酸盐（沙子就是由硅酸盐构成的）。

思考题

A图和B图中,哪颗星是太阳?

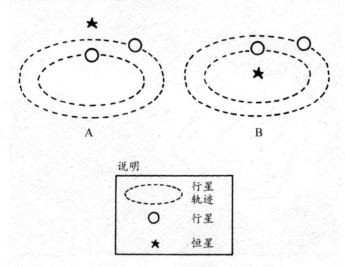

A   B

说明

⊙ 行星轨迹	行星轨迹
○	行星
★	恒星

太阳是被行星围绕旋转的恒星。

答: B图中的恒星为太阳。

练习题

1. 下列图中,哪幅图为星座图?

A   B

4

2. 地球上的两位观察者 A 或 B，哪一位因为阳光而看不到星光？

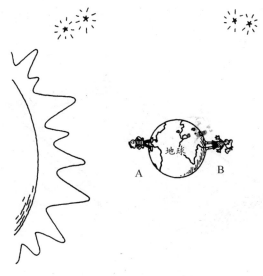

小实验　星光

实验目的

区分发光天体和不发光天体。

你会用到

一张边长为 10 厘米大小的正方形薄铝箔，一卷透明胶带，一根 10 厘米长的细绳，一只有盖子的大鞋盒，一把直尺，一把剪刀，一把手电筒。

实验步骤

❶ 把铝箔揉成葡萄大小的圆球。

❷ 用透明胶带把细绳的一端固定在铝箔球上。

❸ 打开鞋盒盖,里面朝上放好。如下图所示,将另一端的细绳固定在离鞋盒盖角落约 5 厘米的地方,使细绳和鞋盒盖的长边保持平行。

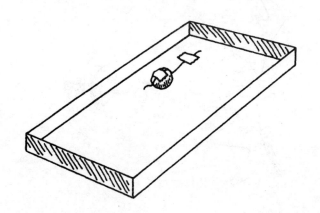

❹ 在鞋盒盖的一条短边上,离右角约 5 厘米处割开一个 1.25×5(厘米)大小的折盖。在同一条短边上,离左角约 2.5 厘米处割开一个 2.5×5(厘米)大小的折盖。

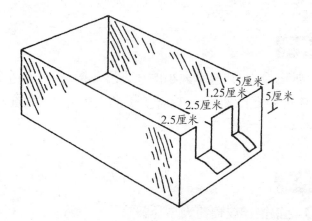

⑤ 关闭大折盖,打开小折盖,将盒盖盖在鞋盒上。使铝箔球垂悬在另一条短边处。

⑥ 将鞋盒放在桌子上,通过打开的折盖朝盒子里观看。注意观察能否看到垂悬着的铝箔球。

⑦ 揭开盒盖,打开大折盖。

⑧ 重复步骤5—6,通过打开的折盖用手电筒照射盒内的铝箔球。

实验结果

在没有手电筒照射的情况下,看不到或只能隐约看到盒内的铝箔球。反之,则能看到铝箔球闪闪发光。

实验揭秘

在这个实验中,铝箔球代表月亮,手电筒代表太阳。就像实验中的模型一样,月亮不会发光,只有在会发光的天体即太阳的光线的照射后,月亮才会发光。

练习题参考答案

1. 解题思路

天空中的恒星被想象中的连线连接起来,构成一个有形状的星团,这就叫星座。

答:图 A 为星座图。

2. 解题思路

(1) 太阳和别的恒星不分昼夜地持续发光,但白天的阳光如此强烈,所以人们看不到恒星发出的光。

(2) 哪一位观察者站在地球朝阳的一面?

答:由于强烈的阳光照射,观察者 A 看不到星光。

空中之位

——在天球上寻找恒星及其位置

天　球

　　根据想象,天文学家们设计了一个天体仪,以帮助寻找各个天体。在这个不停旋转着的空心球中,地球被想象成位于中心,四周是其他的天体。这个被想象出来的球体叫做**天球**。

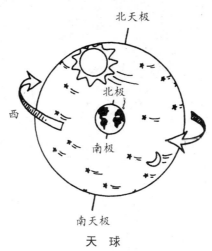

天　球

　　就如利用假想的经线和纬线能找到地球上不同的地方一样,可以利用天球上的想象参考线找到恒星和其他天体的位置。

有参考线的地球模型叫做**地球仪**,而有参考线的天球模型叫做**天球仪**。

环绕地球的纬线和经线是想象出来的,通过它们可以找到地球上不同的地方。地球仪上的纬线也叫纬圈,和赤道保持平行。它们在赤道的南、北两边以"度"(°)的方式表明方位,而赤道的纬度为0°。经线也叫子午线,由北极延伸至南极。它们在**本初子午线**(经度为0°,穿过英国的格林尼治)的东、西两边以"度"(°)的方式表明方位。

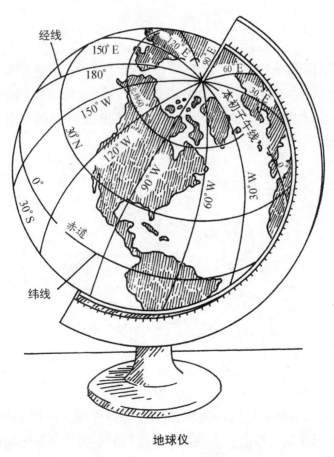

地球仪

天球上的假想线叫赤纬和时圈。一个天体的赤纬度就表明其在**天球赤道**（一根围绕天球、在赤纬 0°处的假想线）以北或以南的位置。两极的顶部分别为北天极和南天极，天球赤道到北天极和到南天极之间的距离是相等的。一个正赤纬，比如＋60°，表明在天球赤道以北 60°的位置。一个负赤纬，比如－60°，表明在天球赤道以南 60°的位置。

大圆是天球上的假想圆，和天球共有一个中心点。一个**时圈**就是一个大圆，贯穿天球的两极（连接两极且穿过一个天体的半圆就是这个天体的时圈）。天球上可画无数个时圈，穿过天顶以及观察者地平线的北南两端的时圈被称作**天球子午圈**。只有一半的天球子午圈在地平线之上。

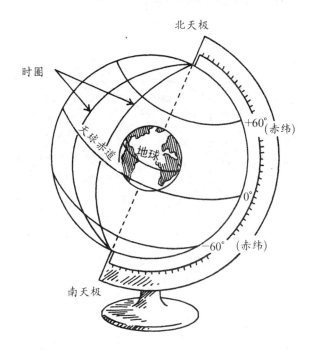

一个天体的东西向位置用**赤经**（从零点向东到天体时圈

与天赤道的交点所夹的角度)来衡量。赤经的零点或起点就是和春分点交叉的时圈。**春分点**是太阳在每年 3 月 21 日左右所处的位置,此时太阳穿过天球赤道向北移动。天体的赤经是通过从春分点到天体时圈与天球赤道的交叉点之间的夹角来衡量的。赤经通常以小时$(^h)$的形式来度量,1 小时为 15°。在下图中,春分点为 0 时 0 点,圆 1 上的所有恒星处在同一个时圈上,也处在相同的赤经 2^h 上,但所处的赤纬不同。圆 2 上所有的恒星处在不同的时圈上,赤经也不同,但都处在赤纬 +30° 上。天球上恒星 A 的坐标为赤经 4^h、赤纬 +30°。正如地球一样,每一颗恒星在天球上都有坐标。岁月在流逝,但这些恒星的坐标并没有什么变化。

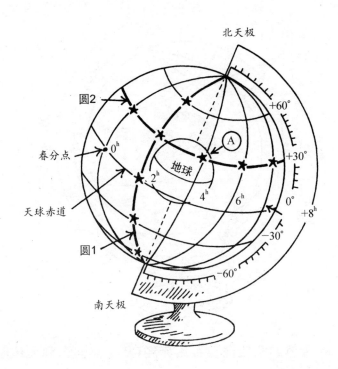

思考题

根据下图回答下列问题：

1. 恒星 A 的坐标是什么?

2. 哪颗恒星的坐标为 6^h、$+30°$?

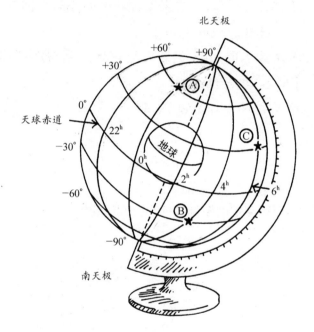

1. 解题思路

（1）在天球仪上找到恒星 A。

（2）穿过恒星 A 的时圈的赤经是多少?

0^h。

（3）恒星 A 的赤纬是多少?

$+60°$。

答：恒星 A 的坐标是 0^h、$+60°$。

(1) 赤经以小时(^{h})的形式来度量。该赤经的坐标为 6^h。
在天体仪上找到 6^h。

(2) 赤纬以度($°$)的形式来度量。该赤纬的坐标为 $+30°$。
在天体仪上找到 $+30°$。

(3) 从天球赤道开始,沿着赤经 6^h 的时圈,将你的手指移
向 $+30°$ 的赤纬线。

答：恒星 C 的坐标是 6^h、$+30°$。

练习题

1. 在下图中找出坐标为 12^h、$+60°$ 的恒星。

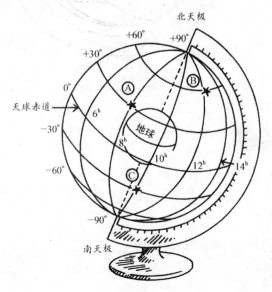

2. 下图中的 A、B 两条线中,哪条线为观察者的天球子午线?

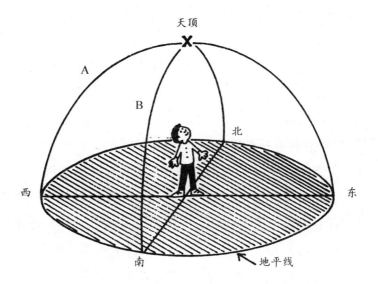

小实验　天球仪

实验目的

通过制作天球仪来了解星星的坐标。

你会用到

一卷遮蔽胶带,一只容量为 2 升的透明碗,一支记号笔,一团柠檬大小的橡皮泥,一根 30 厘米长的细绳。

实验步骤

❶ 在碗的外面,从一边到另一边粘上一根胶带,使碗分成两半。

❷ 交叉粘上第 1 根胶带,使碗的外面分成均等的 4 份。

❸ 在碗口的外沿粘上第 3 根胶带。

❹ 在第 1 根和第 2 根胶带的交叉处标上一个点,并写上 +90°。

❺ 在每段 1/4 的胶带上,从碗口外沿到中心点标上 3 个间隔均等的点。

❻ 从碗口外沿开始,给每段胶带上的第一个点标上 0°,第 2 个点标上 +30°,第 3 个点标上 +60°。

❼ 在绕碗口外沿一圈的胶带上,从同一段 1/4 的胶带的重叠处开始,标上 8 个间隔均等的点。给其中一个标有 0°的点写上 0ʰ,给右边的下一个点写上 3ʰ,再下一个点写上 6ʰ。以此类推,最后一个点便是 21ʰ。

❽ 将碗底朝天,把细绳的一端粘贴在碗底标有 +90°的地方。

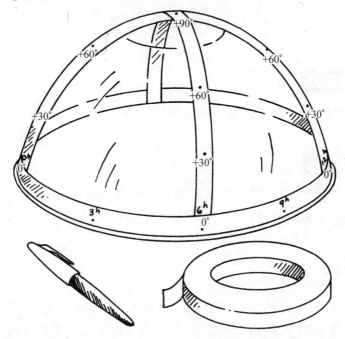

⑨ 将橡皮泥弄成球状,再将球的一面在平坦处连续轻击,直到其变成一个半球。这个半球代表半个地球。

⑩ 把橡皮泥做成的半个"地球"放在桌子上,再用碗将其罩住。橡皮泥"地球"必须处在碗里的中心位置。

⑪ 将一小片胶带贴在碗上,在 3^h 的正上方,高度跟 $+30°$ 对齐。

⑫ 在胶带上画一颗星。

⑬ 拉过细绳,使其越过那颗星。

实验结果

  细绳跨过碗口边的 3^h,从碗口开始,那颗星的高度和 $+30°$ 的高度一样。

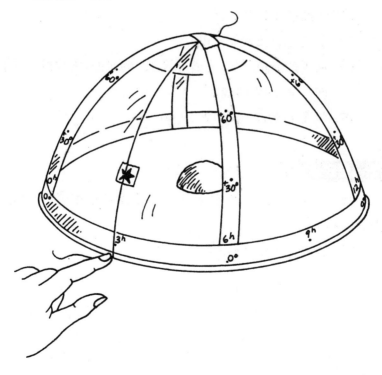

碗代表天球仪模型的北半部分,绕碗口外沿一周的胶布就是天球赤道,上面的点代表赤经,1/4 段胶布上的点代表赤纬。赤纬是正数,表明是在天球赤道的北部(即上方)。细绳为时圈。那颗星的坐标为 3^h、$+30°$。

练习题参考答案

1. 解题思路

(1) 赤经的坐标是 12^h。

   在天球赤道上找到 12^h。

(2) 赤纬的坐标是 $+60°$。

   在天球仪上找到 $+60°$。

(3) 从天球赤道开始,沿着赤经 12^h 的时圈,将你的手指移向 $+60°$ 的赤纬线。

答：恒星 B 的坐标是 12^h、$+60°$。

2. 解题思路

观察者的天球子午线就是穿过天顶以及观察者地平线的南北两端的时圈。

答：B 线为观察者的天球子午线。

3 随时空变化的天空
——确定能看到的星座的不同位置

知识必备

在一个晴好、没有月亮的夜晚,远离城市灯光,仅凭肉眼就能看到大约 2 000 颗恒星。如果有月亮,或者有街灯或家灯,只有最明亮的恒星才能被看到。一个人并不能一下子看到所有能被看到的恒星,因为站在地球的任何一个地方都仅能看到天空的一部分。

大部分的恒星、太阳和月亮似乎每天都从东方升起,往西边落下。事实上,这些天体中没有一个是在空中移动的,只有地球在移动。地球绕着**地轴**(一根穿过地球中心的假想线)自转,旋转一周的时间约为 23 小时 56 分。就是这种自转,使得恒星看上去似乎在我们的头顶上方移动。

地轴的两端分别被称作南极和北极。南极位于**南半球**(即赤道以南的区域),北极位于**北半球**(即赤道以北的区域)。南极的地轴端大体指向一个叫做南冕座的星座。由于它的形状像个十字架,这个星座也常被称作南十字星座。北极的地轴端大体指向一颗叫做北极星的恒星。北极星属小熊座。

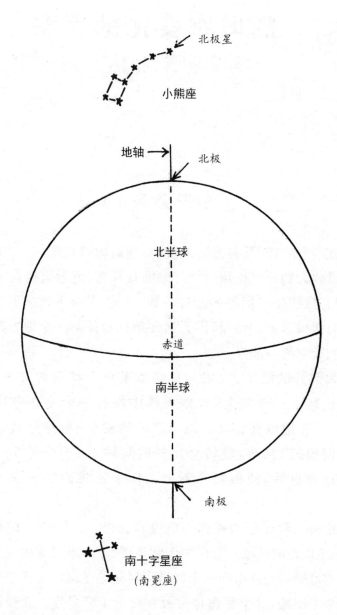

北极星

小熊座

地轴→ 北极

北半球

赤道

南半球

南极

南十字星座
(南冕座)

一直处在地球一个特定位置的地平线上方的星座叫做**拱极星座**。这些星座从不落下，而是围绕着天极不停地旋转，一直处在地平线的上方。从北极开始，所有北半球的星座都是拱极星座。赤道以南没有拱极星座。

你所看到的天空中的恒星取决于你在地球上所处的位置。夜晚，当你抬头仰望天空时，你看到的只是在地平线以上的恒星，而从你所处的位置上看到的这些恒星只是能用肉眼看到的恒星中的一半左右。地平线以下还有另一半的恒星，你看不到它们，因为地球挡住了你的视线。因此，即便在同一个夜晚，在北极看到的恒星组合和在 40°N 或在南极看到的恒星组合是不同的。

地球的运动同样影响你所看到的恒星。地球不仅本身在自转，在它围绕太阳公转时，还会变动其在天空中的位置。地球围绕太阳的公转导致我们每晚看到的天球都有微小的变化，这又使我们能在不同的季节看到天球的不同部分。

思考题

在下页的图中，小红和小明站在不同的位置观察天球。小红站在更靠近北极的地方。仔细观察，回答下列问题：

1. 哪位观察者站在南半球？
2. A 和 D 两个地区中，哪个更接近南冕座？
3. 在 A、B、C、D 四个地区中，哪个地区的星座是小红和小明都看不到的？

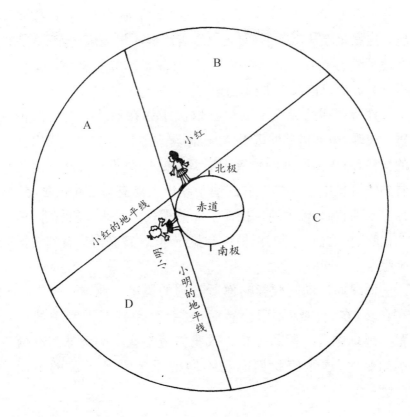

B

A

小红

北极

小红的地平线

赤道

C

南极

小明

D

小明的地平线

1. 解题思路

南半球是指地球赤道以下的地区。

答：小明站在南半球。

2. 解题思路

地球的南极大体指向南冕座（也叫南十字星座）。

答：D区更接近南冕座。

（1）地平线以下的星座是看不到的。

（2）哪个地区在小红和小明的地平线下方？

答：C 区是小红和小明都看不到的。

练习题

　　下图中有 2 位观察者站在地球上观看天空。小维站在比较靠近赤道的纬度上，小蕾站在比较靠近北极的纬度上。仔细观察，回答问题：

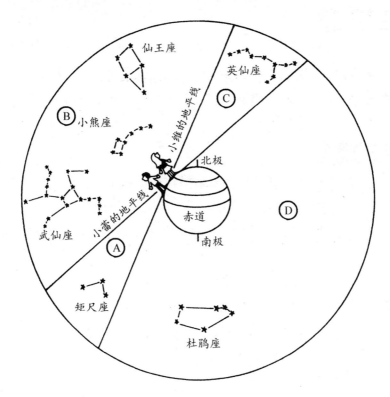

1. 哪些星座小维看得到而小蕾看不到?

2. 哪些星座小维和小蕾都能看到?

3. 哪些星座小维和小蕾都看不到?

小实验　星盘

实验目的

通过制作和使用星盘,了解观察者站在不同的纬度能看到哪些星座。

你会用到

一支记号笔,一张 12.5×12.5(厘米)大小的描图透明纸,一把直尺,一张 7.5×12.5(厘米)大小的卡纸,一把剪刀,一只单孔纸张打孔器,一枚平头钉。

实验步骤

❶ 将下页的模拟天球图案描在透明纸上。

注意:不要搞乱图中标有字母的各个地区。

❷ 在卡纸的一条长边下方 6 毫米处,用尺画一条连接左右两边的直线。

❸ 如下页图中所示,在直线中央画上一个尖头,尖头中再画上一个线条人,代表观察者。

❹ 沿着所画的直线和尖头,剪去不需要的部分。

❺ 在尖头底部,用纸张打孔器打一个洞。

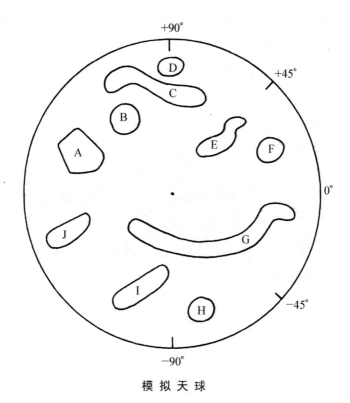

模 拟 天 球

A ⎯⎯⎯⎯⎯⎯⎯⎯⎯⎯⎯⎯⎯⎯⎯⎯⎯ B

6毫米

⑥ 将卡片盖在描好的天球图上,使卡片上的洞对准映描图中央的那个点。

⑦ 将平头钉插入卡纸上的洞内,再轻击平头钉,使其穿过描图中央的那个点。将平头钉固定住。

⑧ 旋转卡纸,让尖头指向天球上的＋90°。

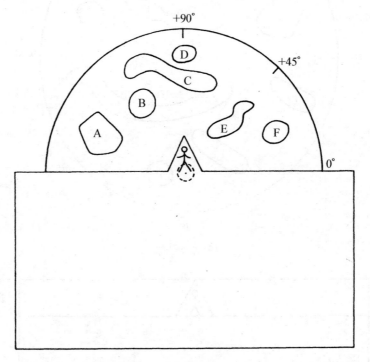

⑨ 注意描图上能看到的标有字母的地区。它们代表在天球的地平线上方能被看到的星座。

⑩ 重复步骤8—9,将尖头分别指向＋45°、0°、－45°和－90°。

实验结果

根据尖头的指向,观察者能看到不同的星座。

实验揭秘

天球上的那个点,即观察者(尖头中的那个线条人)正上方的那个点就是天顶。观察者站在地球90°N时,天顶就在天球的＋90°处。观察者站在这一纬度看到的星座群和他站在别的纬度所看到的星座群是不同的。尖头的不同位置代表观察者站在地球不同的纬度处。纬度不同,天顶和地平线也随之不同。例如:当观察者的天顶指向＋90°时,他能看到从 A 到 F 的星座;当天顶指向－45°时,他能看到F、H、I 和部分 G 星座。所以,站在不同的纬度看到的夜空是不相同的。

练习题参考答案

1. 解题思路

(1) 观察者能看到地平线以上的恒星。

(2) 哪些星座在小维的地平线上方,但不在小蕾的地平线上方?

答:小维能看到矩尺座,小蕾却看不到。

2. 解题思路

(1) 天球的哪一部分既在小维的地平线上方也在小蕾的地平线上方?

B 区。

(2) 哪些星座在 B 区中?

答:武仙座、仙王座和小熊座是小维和小蕾都能看到的。

3. 解题思路

(1) 地平线以下的星座是看不到的。

(2) 哪个地区既在小维的地平线下方又在小蕾的地平线下方？

D区。

(3) 什么星座在D区？

答：杜鹃座是小维和小蕾都看不到的。

4 如何运用星图寻找星座

寻星者

在寻找天空中的恒星之前,了解如何测量站在地球上所看到的恒星间的空间是大有益处的。你的双手就是测量器,当然,它们不够精确,主要凭借手臂的长度和手的大小来测量。它们不能测出恒星间的实际距离,但可以帮助你找到星座,帮助人们的目光投向星座在天空中的位置。

首先,在你的胸前伸直左臂,小指翘向天空。闭上一只眼睛,然后看你的小指。你小指的宽度约占天空的 1°。再竖起你中间的 3 根手指,它们约占天空的 5°。你的拳头约占 10°。如果你同时翘起食指和小指,所测得的它们之间的空间约占

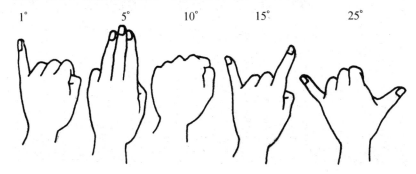

1° 5° 10° 15° 25°

15°。现在同时翘起你的大拇指和小指,所测得的它们之间的空间约占 25°。

　　天空中的星座似乎日日夜夜、分分秒秒都在移动着。在星图上,这是一种围绕着北极星而进行的逆时针方向的移动。一个星座每 24 小时移动约 361°,而一圈为 360°。一个月内星座将多移动约 30°。因此,相对一个星座 5 月 1 日晚上 8 点钟在星图上的位置而言,6 月 1 日晚上 8 点钟该星座的位置将在右边(如果脸朝南,将在西边)相隔 30°的地方,4 月 1 日晚上 8 点钟该星座的位置将在左边(如果脸朝南,将在东边)相隔 30°的地方。

　　本书讲述了如何应用星图的 2 种方法。一种方法是:站

在屋外,脸朝星图底部指南针所指示的方向,**将星图高举在头顶上方**,星图面朝下,星图底部向着你所面对的方向,这样,在你抬头看星图的同时,还可以将星图上的星座和夜空中的星座做一番比较。为了不影响你的夜视力,能在夜色中清楚地查看星图,你必须用天文学家用的手电筒来照亮星图(如何制作这种手电筒,请看本章中的实验部分)。

另一种方法是:站在屋外,脸朝星图底部指南针所指示的方向,**将星图举在你的面前**。为了便于查看星图,可以调准星图的高度和角度。你可以在面对着的地平线的附近找到和在星图底部一样的星座。

思考题

北斗(七)星是大熊座内的一组群星。本书中的星图只显示了北斗(七)星,并没显示整个大熊座。仔细观察下图,然后回答问题:

1. 北斗(七)星把柄上的最后一颗星和碗体上最外面的一颗星之间相隔几度?

2. 北斗(七)星碗体上外部的 2 颗星之间相隔几度?

北斗(七)星

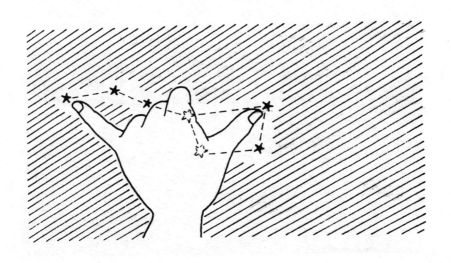

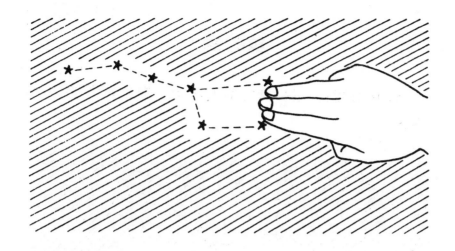

1. 解题思路

(1) 如图所示,手的什么部位被用来测量北斗(七)星把柄尾部和碗体前部之间的距离?

　　伸出小指和大拇指,并将它们向外伸展,这样做可以测量出距离。

(2) 当小指和大拇指向外伸展时,它们之间相隔几度?

答:北斗(七)星把柄上的最后一颗星和碗体上最外面一颗星之间相隔约25°。

2. 解题思路

(1) 如图所示,手的什么部位被用来测量北斗(七)星碗体上外部2颗星之间的距离?

　　小指前面的3根手指。

(2) 小指前面的3根手指的宽度是多少?

答:北斗(七)星碗体上外部2颗星之间的距离约为5°。

练习题

1. 仔细观看下图,确定最下面的一颗星离地平线有多远?

2. 仔细观看下页的星图,然后回答问题:

    a. 哪个星座离地平线的最南端最近?

    b. 如果要在 3 月 1 日晚上 10 点钟找到图中的这些星
       座的话,你该看什么方向?

    c. 如果是在 2 月 1 日晚上 9 点钟观察夜空的话,朝哪
       个方向可以看到图中的每一个星座?

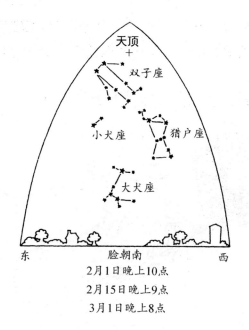

天顶

双子座

小犬座　猎户座

大犬座

东　　脸朝南　　西

2月1日晚上10点
2月15日晚上9点
3月1日晚上8点

小实验　制作天文手电筒

实验目的

制作一把天文手电筒

你会用到

一把直尺,一把剪刀,一只红色透明文件夹,一把手电筒,
一根橡皮筋。

实验步骤

❶ 从红色文件夹上剪下一个 10×20(厘米)的长条。

❷ 将长条一折为二,形成一个边长为 10 厘米的正方形。

❸ 将透明的正方形盖住手电筒的发光头,并用橡皮筋固定住。

❹ 夜晚在屋外用这手电筒照着看星图。

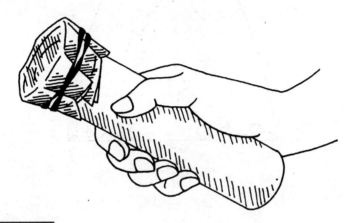

实验结果

天文手电筒制作成功!

实验揭秘

当你刚从亮处来到暗处时,几乎什么都看不见。几分钟后,眼睛适应环境,你就能看得清楚些。30—60 分钟后,眼睛完全适应环境,那时你的视力会变得更好。尽管此时你的视力不能和在灯光下一样好,但在夜间这已是最好的了。你现在有了夜视能力。

一次白光的闪烁就能使你失去已有的夜视能力,而重新恢复,又需要 30—60 分钟。红光对夜视能力的影响比白光小。所以,天文学家用的手电筒需要用红色滤光材料遮住,这样的话,你在红色光亮下看星图的同时又能观看夜空中的星星。

练习题参考答案

1. 解题思路

(1) 一个拳头的宽度是多少？

大约 $10°$。

(2) 最下面那颗星和地平线相隔几个拳头？

4 个拳头。

(3) 4 个拳头相当于几度？

$4 × 10° = 40°$

答：最下面那颗星离地平线大约 $40°$。

2a. 解题思路

(1) 地平线的最南端在哪里？

在星图底部，靠近标有"朝南"的位置。

(2) 哪个星座离星图底部最近？

答：在星图上，大犬座离地平线的最南端最近。

2b. 解题思路

(1) 每一个月，相对上个月同一时间的位置而言，星座朝逆时针方向移过 $30°$。

(2) 在星图上，这种逆时针方向的移动是向右进行的。

(3) 如果脸朝南，在星图上，指南针方向的哪边是右边？

答：相对星图上星座的位置而言，3 月 1 日晚上 10 点钟时，这些星座的位置都将移至右边或者西方，所以朝西方可以看到图中的这些星座。

2c. 解题思路

(1) 星座每小时移动约 15°。

(2) 在星图上，这是一种向右的移动。

(3) 在早先一个小时，星座的位置在星图上所显示的位置的左边。

(4) 在星图上，指南针方向的哪边是左边？

答：2 月 1 日晚上 9 点钟时，星座的位置在星图上所示的位置的左边或者东方，所以朝东方可以看到图中的每一个星座。

寻找拱极星座

知识必备

北极星几乎就在北天极。因为它似乎总是待在空中那个相同的位置上：北极上空，夜夜不变，所以得名北极星。其实北极星也在移动，只是速度极慢，你在有生之年是看不到它的任何变化的。相对而言，北极星是静止不动的，可以看做天空的指南针。面对北极星就等于面朝北方，这样的话，你的右边是东方，左边是西方，身后是南方。

观察夜空一段时间后，你会发现一些恒星每晚都在以环形的轨迹围绕北极星运转。就像旋转木马一样，恒星围绕一个中心点旋转，但彼此距离总是保持一致，因此，不管这些星座在一年中不同的夜晚出现在不同的地方，它们的形状不会发生任何变化。事实上，星座并不在天空中移动，这种假象是因为地球在地轴上自转的同时又绕着太阳公转而造成的。将一颗大头钉钉在星图上，让星图在钉上转动，这样你就能看到恒星在绕着北极星旋转。

大部分的星座在地平线上下交替地升降，但是北极星附近的星座从不下落，它们被称作**拱极星座**。从 40°N 或更高的

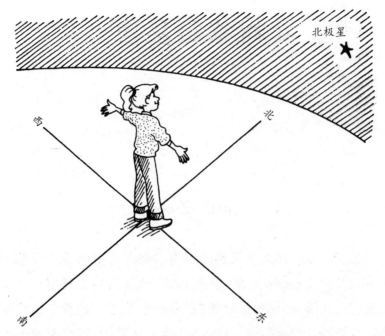

纬度开始,最明显的五大拱极星座为:大熊座,小熊座,仙后座,仙王座和天龙座。这些星座中的所有恒星处在天空中的最高点时最引人注目。

如果要在一个具体的纬度上确定拱极星座的赤纬,就将北极的纬度 90°减去那个具体的纬度。比如美国的费城在 40°N(北京的纬度也接近 40°N),90°-40°=50°。从费城看,赤纬幅度为 +50°到 +90°的恒星从不落到地平线以下。天龙座中恒星的赤纬是 +52°及以上,所以,从费城看,天龙座是拱极星座。

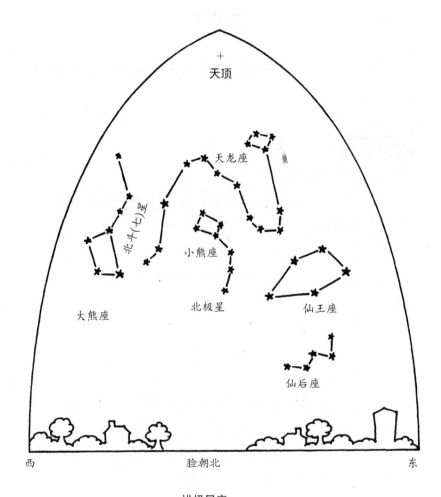

天顶

天龙座

北斗(七)星

小熊座

大熊座

北极星

仙王座

仙后座

西　　　　　　　　　　脸朝北　　　　　　　　　　东

拱极星座

7月1日晚上10点

7月16日晚上9点

8月1日晚上8点

思考题

洛杉矶在 $34°N$。从这里观看,拱极星座中恒星的赤纬幅度是多少?

解题思路

(1) 洛杉矶的纬度是 $34°N$。

(2) 从 $90°$ 中减去洛杉矶的纬度,就能确定拱极星座的赤纬度数:

$$90° - 34° = 56°。$$

答:从洛杉矶看,拱极星座中星星的赤纬幅度为 $+56°$ 到 $+90°$。

练习题

1. 仙后座中恒星的赤纬是 $+56°$ 或以上,从美国德克萨斯州的达拉斯($33°N$)看,仙后座是拱极星座吗?

2. 仔细观看下面的 A、B 两张图,确定在 12 月和 4 月两个月份中,仙后座在哪个月能被看得更清楚?

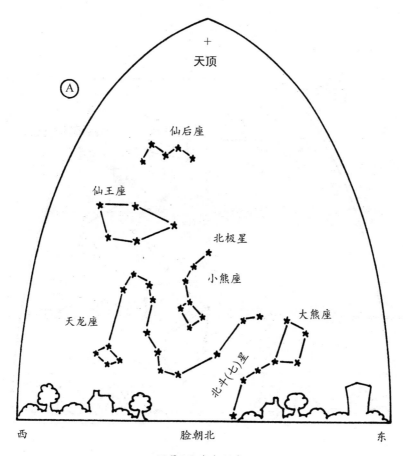

天顶

Ⓐ

仙后座

仙王座

北极星

小熊座

天龙座

大熊座

北斗(七)星

西   脸朝北   东

12月1日晚上10点

12月16日晚上9点

1月1日晚上8点

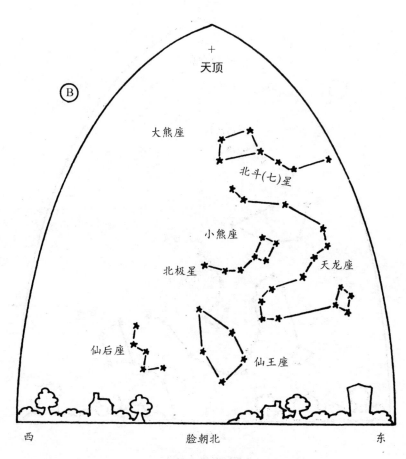

+
天顶

Ⓑ

大熊座

北斗(七)星

小熊座

北极星

天龙座

仙后座

仙王座

西　　　　　　　　脸朝北　　　　　　　　东

4月1日晚上10点
4月16日晚上9点
5月1日晚上8点

小实验　拱极星座

实验目的

模仿拱极星座每天的运行。

你会用到

一些星星黏纸，一把伞面分成 8 片的伞（最好是坚实的黑伞）。

实验步骤

❶ 用星星黏纸代表仙后座和大熊座中的恒星。如下图所示，将恒星粘在伞的里面。伞的中心代表北极星。

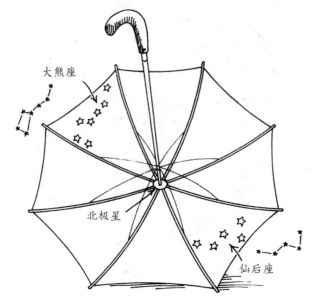

大熊座

北极星

仙后座

❷ 把伞放在桌子上,使北斗(七)星在顶部。

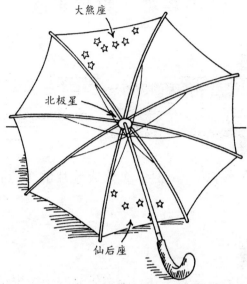

大熊座

北极星

仙后座

❸ 以逆时针方向将伞慢慢转动 1/4 圈,即越过北斗(七)

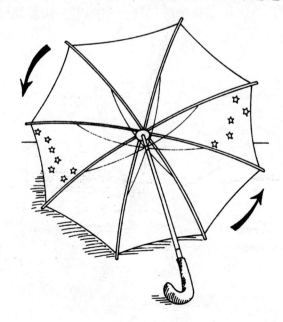

星 2 个区域的地方。观察星座彼此之间的位置,也观察星座与北极星、桌面之间的位置。

④ 重复步骤 3 两次,每转过 1/4 圈时都进行观察。

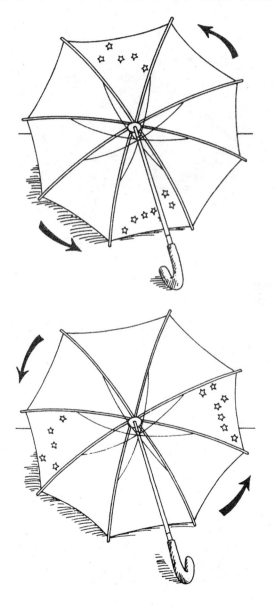

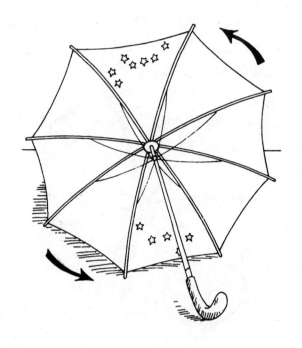

　　伞的中心——北极星总是待在相同的位置,而星座的恒星在围绕着它旋转。

　　这个实验中的伞为北部天空的模型。天空转动时,大熊座和仙后座围绕北极星转动。拱极星座实际上并不转动,但由于地球的转动,它们看上去就像在围绕北极星转动,就像伞上的星座转动一样。

　　桌面代表北地平线。既然星座留在地平线上方,它们就是拱极星座。伞每转动 1/4 圈就代表约 6 个小时。因此,星座需要约 24 个小时才能转完一圈 360°。转完一圈更精确的时间为 23 小时 56 分。在完整的 24 小时内,星座将转动 361°。

练习题参考答案

1. 解题思路

(1) 达拉斯在 33°N。

(2) 从 90° 中减去一个特定位置的纬度,就能确定这个位置的赤纬度数:

90° − 33° = 57°。

(3) 从达拉斯看,赤纬幅度为 + 57°或以上的恒星为拱极星座。

答:从达拉斯看,整个仙后座不是拱极星座。从达拉斯看,只有该星座中赤纬度为 + 57°或以上的恒星才是拱极星座。

2. 解题思路

(1) 恒星在天空中越高,就能被看得越清楚。

(2) 在所给的 2 个月份中,仙后座哪个月在天空中的位置更高?

答:仙后座在 12 月比在 4 月看得更清楚。

寻找大熊座

知识必备

在众多的星座中，大熊座也许不是最容易被看到的，但其中的星群却很容易被看到。大熊座著名的星群由 7 颗星星组成，形状宛如一个大斗，因而取名北斗（七）星。一旦找到了北斗（七）星，就能找到大熊座的其他星群。大熊座在春天最容易被找到，因为那时候它就高高地挂在北地平线上。

想找到北斗（七）星，就要仰望北部天空。7 颗明亮的星星构成一只斗的碗体和把柄。既然大熊座是拱极星座，它就围绕着北极星旋转。因此，在夜晚的不同时间，斗的碗体所指的

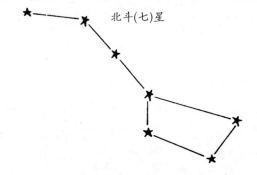

北斗（七）星

方向会略有不同,若从季节来看,其变化就更大了。

　　如下图所示,斗的把柄就是熊尾,碗体就是熊背较低的部分。按照恒星构成的图形,沿着把柄往下,碗体的后部的恒星构成了熊的 2 条后腿。越过碗体外面的恒星,就能看到构成熊脖和熊头的隐隐约约的恒星。熊脖的下面是构成前腿和前爪的恒星。

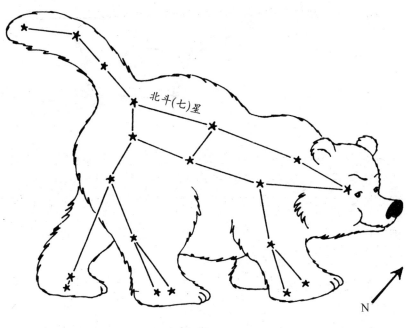

大 熊 座

　　仔细观察斗柄上的第 2 颗星,你会发现那是双星(用肉眼观察似为一颗星)。其中那颗大而亮的星叫开阳,较小而模糊的是辅星。天文学家把它们叫做光学双星。2 颗星分开,没有任何关联,但看上去靠得很近,这是因为从地球上望去,它们在同一视线上,也就是说,当你看其中一颗星时,不用移动目光就能看到另一颗星。

上千年前的古代阿拉伯人征兵时曾经用这双星来测试人是否有极好的视力。如果一个人能看到开阳的辅星,说明其视力极好。因此,这2颗星又叫"试验星"。事实上,只要这2颗星在地平线上方,天空黑而晴好,即使视力一般的人也都能看到开阳的辅星。

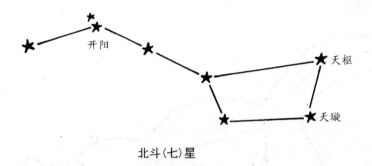

北斗(七)星

　　围绕一个中心点旋转、又因彼此的引力聚在一起的2颗恒星叫**食双星**。食双星的2颗星相距很远,单凭肉眼或望远镜就能看清楚它们是彼此分开的。通过一个小望远镜,你就能发现开阳也是颗可见的食双星。它和它的辅星之间的距离是如此之小,单凭肉眼是发现不了的。

　　北斗(七)星中的另外2颗恒星——天璇和天枢——叫做**指极星**。如果画一条直线穿过2颗星,从天璇开始,穿过天枢,这条线便指向北极星。北斗(七)星很容易被发现,所以,它能帮助你找到其他不易发现的恒星或星座。在星图上,北斗(七)星还可用来代表大熊座。

思考题

　　仔细观察下页的图,从 A、B、C 中,选择一个能找到北极星方位的正确星群。

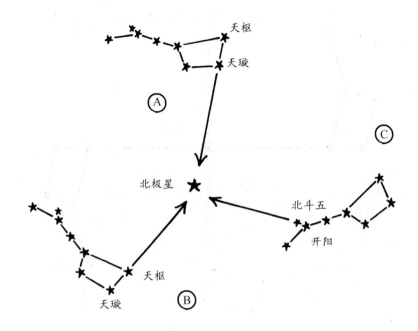

从天璇开始画一条直线，穿过天枢，这条线便指向北极星。

答：图 B 是能找到北极星方位的正确星群。

练习题

仔细观看下页的图，在 A、B、C、D 中，哪个位置正确显示了北斗（七）星的方位？

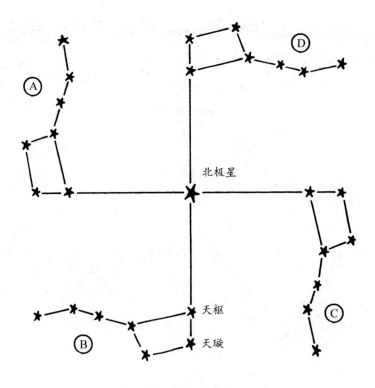

北极星

天枢

天璇

Ⓐ Ⓑ Ⓒ Ⓓ

小实验　成一直线

实验目的

制作光学双星模型。

你会用到

2张索引卡片,一支铅笔,一把剪刀,一把直尺(米尺)。

实验步骤

❶ 如下页图中所示,分别将2张卡片对折后再打开。

54

❷ 在一张卡片上画一个大五角星,星的大小尽量覆盖半
张卡片。

❸ 如下图所示,围绕五角星画上虚线。

❹ 将2张卡片重叠在一起,沿虚线剪下五角星。确保两
张卡片都被剪到。

❺ 将2张卡片分开,在2颗恒星上分别写上1和2。

❻ 沿折叠线折叠卡片,使恒星竖立起来。未剪动的半张
卡片放在一个平面上。

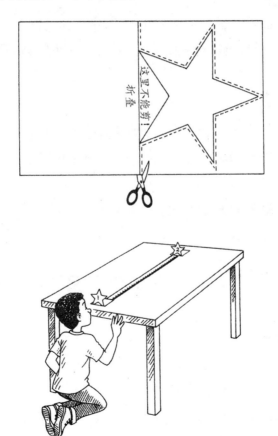

❼ 将直尺放在桌子上,标有数字"0"的一端放在靠近你的桌子边缘。

❽ 将恒星 1 竖在直尺靠你身边的一端,恒星 2 竖在另一端。

❾ 使自己位于恒星 1 的正前方,平视这 2 颗恒星。

❿ 将头偏向左边,直到能看到大部分的恒星 2。

实验结果

从恒星的正前方观看,恒星 1 挡住了你对恒星 2 的视线。偏向一个角度,能看到 2 颗恒星,而且它们似乎靠得很近。

实验揭秘

当你位于最近的恒星前,它就挡住了你对它后面的恒星的视线。稍稍偏向一边,就能同时看到 2 颗恒星。它们似乎离得很近,因为它们在同一视线上。2 颗纸星代表由北斗六和北斗五组成的光学双星,它们似乎离得很近,实际上并非如此。从地球上看,北斗六和北斗五是分开的 2 颗恒星。

练习题参考答案

解题思路

北斗(七)星是拱极星座大熊座中的一个星群。星群以环形的轨迹围绕北极星旋转。

答:A、B、C、D 都正确地显示了北斗(七)星的方位。

寻找小熊座

知识必备

小熊座,斗柄上向上翘的弯曲部分是熊的尾巴,碗体是熊的胸部。当然,只有发挥充分的想象力才能找到熊体的其他部分,但是,只要朝北望去,就能看到那把斗。

小 熊 座

天空中的恒星似乎一直在移动,但小熊座把柄上的最后一颗星例外,这就是北极星。北极星似乎一直停留在一个地方,因为地轴就指向那里。

小 熊 座

　　观察者只能在北半球才能看到北极星。它在北地平线上的位置取决于观察者所在的纬度。如果一个人能迅速从赤道来到北极,一开始,北极星会出现在北地平线上,然后向上方移动,直至头顶的正上方。

　　对任何观察者而言,北极星和北地平线之间的角度就等于观察者所处的北纬的纬度。下页图中的观察者站在 $40°N$,北极星和北地平线之间的角度,即为 $40°$。

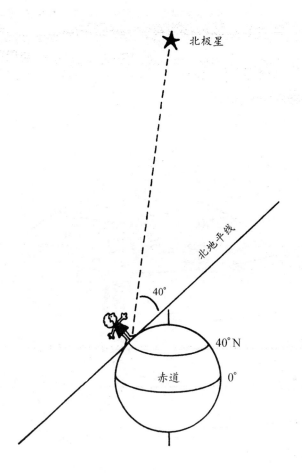

北极星

北地平线

40°

40° N

赤道

0°

思考题

观察下页的图,然后回答问题:

1. 观察者 A 怎样才能看到北极星?

2. 哪个观察者看不到北极星?

北极星

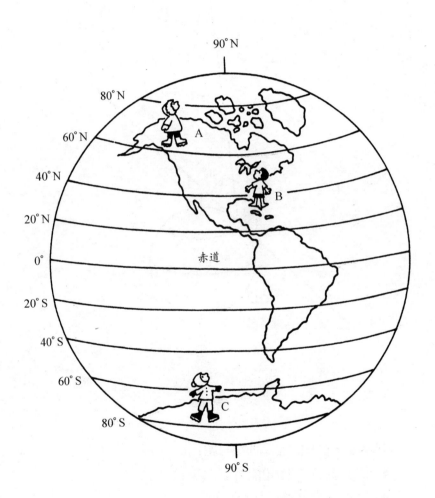

（1）北极星和北地平线之间的角度就是观察者所处的北
纬的纬度。

（2）观察者 A 在 60°N 的地方。

答：观察者 A 的视线和北地平线成 60°时，他才能看到北
极星。

（1）南半球的观察者看不到北极星。

（2）哪个观察者在南半球？

答：观察者 C 看不到北极星。

练习题

1. 阅读有关 2 位观察者小杰和小文的提示，然后回答
问题：

提示：小杰看到北极星就在头顶上。小文在 40°N。

a. 小杰在什么纬度？

b. 小文怎样看到北极星？

2. 下页图中的星星分别表示在 3 个不同的纬度站在船
上所看到的北极星。北极星在哪个位置时船离赤道
最近？

小实验　在地平线上方

实验目的

确定北极星在不同位置时的情况。

你会用到

一卷遮蔽胶带，一段0.9米长的细绳，一枚硬币，一把直尺（米尺），一支记号笔，一张索引卡片，一名成年人助手。

❶ 将细绳的一端粘在硬币上。

❷ 让成年人助手将细绳的另一端粘在上门框的中心部位,你站在门框下时,垂下的硬币离你的头顶大约 15 厘米。注意:*门框一定是通向第 2 个房间,而且远处有一堵墙壁。*

❸ 将一段 2.5 厘米长的胶带放在悬挂着的硬币的正下方的地面上。在胶带上写上一个"X"。

❹ 在卡片中间画一条粗的直线,下面写上"地平线"的字样。

❺ 在第1个房间的地面上粘上一段胶带,上面写上"E"。胶带"E"和胶带"X"之间的距离为1.8米。

❻ 站在胶带 E 的后面,闭上一只眼睛,然后看那枚硬币。

❼ 当你在看硬币时,让助手将卡片粘在第2个房间的远处的墙上,使卡片上的线和硬币的底部在同一直线上。

❽ 一边看着硬币,一边朝胶带 X 走去,最后站在硬币的正下方。走的过程中,请注意硬币底部和卡片、墙壁或天花板之间的变化情况。

实验结果

当你走向胶带 X 时,硬币在卡片上的那条地平线上越升越高。

实验揭秘

就像北极星的角度一样,硬币在地平线上的高度取决于你观看时所处的位置。在这个实验中,胶带 X 代表北极,胶带 E 代表赤道,硬币代表北极星,卡片上的直线代表地平线。当你从 E 走向 X 时,地平线上方的硬币高度在不断上升,直至来到胶带 X 处,硬币就在你的头顶上方。就像在这个实验中一样,如果一个人从赤道迅速来到北极,北极星首先出现在地平线上,然后越升越高,最后出现在他的头顶。

练习题参考答案

1a. 解题思路

（1）小杰看到北极星，说明他在北半球。

（2）北极星在头顶时它和地平线之间的角度是多少？
90°。

（3）既然北极星离地平线的角度等于观察者所处的纬度，小杰的纬度是多少？

答：小杰在 90°N，也就是在北极。

1b. 解题思路

观察者的纬度等于北极星和他的地平线之间的角度。

答：小文的视线和北地平线成 40°时能看到北极星。

2. 解题思路

（1）北极星离地平线越近，观察者离赤道越近。

（2）北极星在哪个位置时离地平线最近？

答：北极星在 C 位置时，船离赤道最近。

 **寻找仙后座**

知识必备

仙后座在 40°N 或更高的地方,是一个拱极星座,在北方的天空中很引人注目,秋天又最容易被发现,因为那时候它在地平线上方的最高点。根据它在天空中的位置,仙后座的星群以 M 或 W 的形状出现。仙后座在北极星的对面。它离北极星和北极星离北斗(七)星的距离大致相同。可以通过北斗(七)星找到仙后座。根据北斗(七)星的 2 颗指极星(天璇和天枢)找到北极星,然后沿着越过北极星的一条想象线到达一个点,该点就在仙后座一端的王良一附近。

仙后座在春天的夜晚比在秋天的夜晚显得朦胧而巨大,因为春天时它就在地平线附近,而秋天时则高挂在天空。任何星座、太阳或月亮只要接近地平线,它们就会比在高空中的时候显得更大。

在古希腊人的想象中,仙后座中的星群组成了一位坐在宝座上的王后——卡西俄珀亚王后,她在吹嘘自己和女儿安德洛墨达有多么的美丽。秋天,仙后座高挂在北方的天空中,

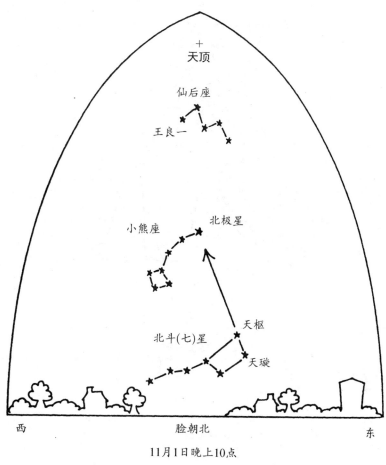

西   脸朝北   东

11月1日晚上10点
11月16日晚上9点
12月1晚上8点

王后右肩上的那颗星,即王良一,指向西方。王后被想象着坐在宝座上,凝视着镜中的自己,每天以逆时针方向慢慢地转动,直到春天接近北地平线时,她的整个身体被颠倒过来。据说,这种姿势是对她自吹自擂的惩罚。但是,随着时间的推移,她又会返回到原来正坐的姿势。

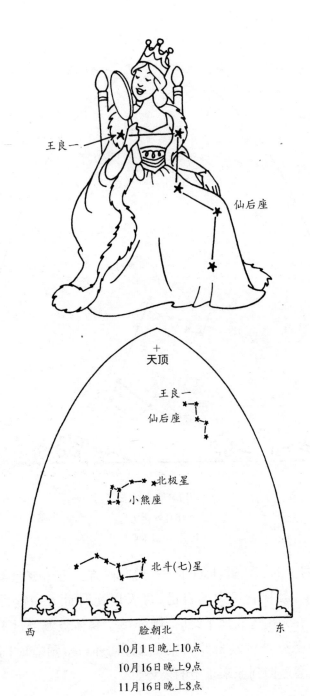

王良一

仙后座

天顶

王良一
仙后座

北极星
小熊座

北斗(七)星

西　　　　　　脸朝北　　　　　　东

10月1日晚上10点
10月16日晚上9点
11月16日晚上8点

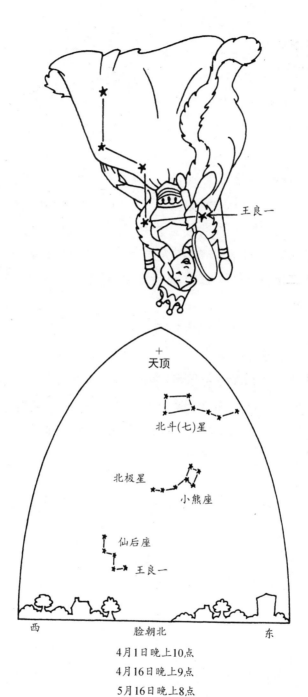

王良一

天顶

北斗(七)星

北极星

小熊座

仙后座

王良一

西　　　　　脸朝北　　　　　东

4月1日晚上10点

4月16日晚上9点

5月16日晚上8点

关于仙后座有一个有趣的故事。1572 年,丹麦天文学家第谷·布拉赫(1546—1601)观察到仙后座中出现了一颗新星,就在王后的右臀部附近。这颗星最亮的时候,即使在白天也能被看到。不到 2 年的时间,这颗星便消失不见了。这颗星和其他像新星一样闪亮登场的星并不是新星,它们平时很暗淡,不会被看到,突然爆炸的时候便会发出很大的光亮,一段时间后又消失不见。它们是一种被叫做新星的**变星**(亮度随着时间推移会发生变化)。为了表示纪念,仙后座中的这颗星就被命名为第谷星。一般来说,新星爆炸只影响该星的外层,爆炸前后该星都存在。有些新星爆炸不止一次。

变星分为 3 种:**爆发变星**(爆炸时亮度会发生变化,比如新星),**食变星**(这种星及其光亮会被观察者视线中的另一颗星挡住)和**脉动变星**(这种星随着其外层舒张和收缩而忽亮忽暗)。仙后座 W 形中间的策(Tsih)就是脉动变星。既然它的光亮变化时间不可预测,所以它被叫做不规则脉动变星。

思考题

1. 仔细查看下页图片,确定仙后座将位于 A、B、C、D 中的哪个位置上。

A   C

北极星

小熊座

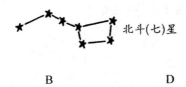

北斗(七)星

B   D

2. 仔细查看下图,确定 A、B、C 中,哪个代表变星的
变化。

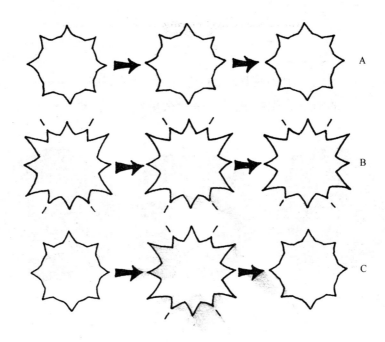

A

B

C

（1）仙后座在北极星的对面，离北极星和北极星离北斗（七）星的距离大致相同。

（2）一条假想线从北斗（七）星的 2 颗指极星（天璇和天枢）越过北极星，到达仙后座一端的王良一附近。

答：仙后座位于 C 的位置上。

（1）变星的亮度会随着时间推移而发生变化。

（2）哪幅图表明星的亮度发生了变化？

答：图 C 代表变星。

练习题

1. 下图显示的是夜空的相同部分在不同的 3 年中同一天的情况。图中表示的是什么星？

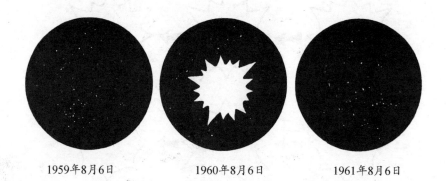

1959年8月6日　　　　1960年8月6日　　　　1961年8月6日

2. 下图显示的是当你在 4 个不同的季节在晚上 10 点钟脸朝北时仙后座的位置。仔细观察此图,确定 A、B、C、D 四个位置中,哪个位置显示仙后座在秋天时的正坐位置。

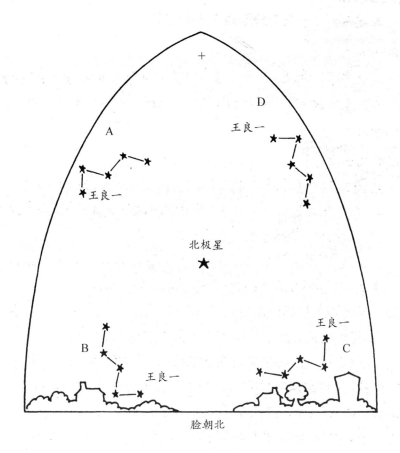

脸朝北

小实验 星座的大小会变化吗

实验目的

确定为何星座升到地平线上方时会变小。

你会用到

一把制图圆规,一张索引卡片,一支削尖的铅笔,一名成年人助手。

实验步骤

❶ 让成年人助手用圆规的尖头在卡片中心戳一个小洞。

❷ 在春天的一个晴好天,天色刚黑时就站在屋外,在北部天空寻找仙后座。

注意:在另一个季节,选择地平线附近的另一个星座做该实验。并在春天仙后座能看见的时候重复该实验。

❸ 闭上一只眼睛,用张开的眼睛从卡片的洞中重新找到仙后座。注意星座占据了洞的多少部分。

注意:如果在洞中看不到整个星座,说明那洞太小。用铅笔把洞弄得大一些。如果星座只占据洞的一小部分,说明洞太大。重复步骤1,戳个小一点的洞。

❹ 再次直接看星座,然后再次从洞中看星座。比较这两次看到的星座的大小。

❺ 每隔1小时重复步骤3—4,这一做法至少持续3小时以上。注意星座在夜晚的不同时间段在洞中的状况。

注意:观察恒星亮度的变化是值得一做的,因为太阳越往地平线方向下沉,天空就越黑,恒星也就越亮。

直接看星座的时候,它最接近地平线时显得最大。不管它在天空的什么位置,它在卡片洞中的状态是一样的。

既然星座在地平线上和在高空中的时候与在观察洞中

的状态是一样的,它上升的时候就不会缩小。上升时它看上去会缩小是一种**视错觉**(一种错误的心理意象)。星座并没有上升;是地球在地轴上转动,这就导致星座的位置发生了变化。星座在地平线上或在高空中时与你之间的距离差是无关紧要的。

地球上地平线上的东西,比如建筑物和树,跟你靠得很近。经验告诉我们,东西越近则看起来就越大。所以,当星座靠近地平线时,你的大脑就把它理解为比它在你上方被广阔的天空包围时更近更大。即使你现在知道了这一事实,星座在地平线上时仍然显得更大。

练习题参考答案

1. 解题思路

什么星平时太暗而看不见,但突然变得很亮,一段时间后又变暗和消失不见?

答: 图中表示的是新星。

2. 解题思路

(1) 当王良一指向西面时,王后是正坐的。

(2) A、B、C、D 中,哪个表明王良一指向西面?

(3) 脸朝北,西面在左边。

答: 位置 D 显示仙后座在秋天时是正坐的。

9 寻找仙王座

知识必备

在天空中陪伴仙后座的是她的国王丈夫——仙王座。这一星座的恒星要比 W 状的仙后座的恒星更难找。仙王座中有五颗星最引人注目,如果被连接起来的话,看上去就像一幅简单的房屋画。就像对他的王后一样,在丰富的想象中,国王正坐在他的宝座上。

仙王座在 40°N 或更高的地方,是一个拱极星座,靠近北极星。脸朝北,从仙后座的王良一开始到北极星画一条假想线,就能找到仙王座。仙后座的 W 状面向仙王座。国王右膝盖(也就是屋顶)旁的少卫增八就靠近这条线,在大约三分之二的地方。

仙王座最有趣的是其中的造父一,它是脉动变星。脉动变星指的是恒星在大小、亮度和颜色发生变化时所出现的有节奏的舒张及收缩。随造父一一起,其他在预测时间内在大小、亮度和颜色上发生变化的脉动变星被叫做**造父变星**。造父一的预测变化时间约为 5.4 天,其间它的颜色会由黄色变橙色,又返回黄色。一般说来,造父变星的变化时间为 1—50 天。

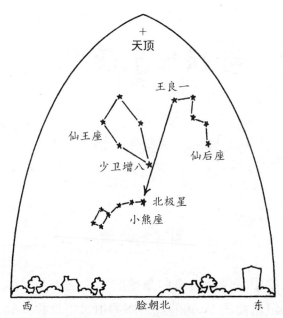

天顶

王良一

仙王座

少卫增八

北极星

仙后座

小熊座

西　　　　　　　脸朝北　　　　　东

10月1日晚上10点
10月16日晚上9点
11月1日晚上8点

少卫增八

仙王座

思考题

1. 仔细观察下图,然后回答问题:

    a. 该星亮度的变化周期是什么?

    b. 哪一天该星最不亮?

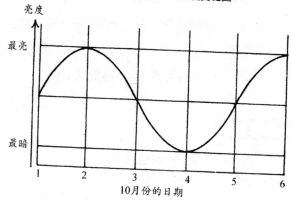

造父变星A的亮度变化图

2. 仙王座中,A、B、C、D 和 E 中,哪颗星最靠近北极星?

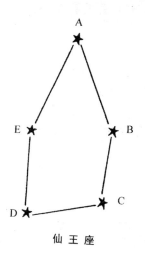

仙 王 座

(1) 造父变星 A 需要几天才能完成亮度变化的周期？为了确定这一点,在图标上 1 日(10 月 1 日)的地方想象一个起始点,然后在其他日子上找到重复点(10 月 5 日)。

(2) 想象点之间的天数就等于造父变星 A 亮度变化的周期。

(3) 10 月 1 日和 10 月 5 日之间相隔几天？减一下:5 - 1 = ？或者数一下,10 月 2 日为第一天,数到 10 月 5 日。

答:造父变星 A 的亮度变化周期是 4 天。

(1) 图标的什么部分表示最暗？

底部。

(2) 图表中哪一天最接近底部？

答:10 月 4 日造父变星最不亮。

国王膝盖(即屋顶)旁边的星最接近北极星。

答:星星 A 最接近北极星。

练习题

1. 仔细观察下页的图,确定 A、B、C 三个位置中哪个是仙王座的正确位置。

A

小熊座

北极星

B

C

王良一

仙后座

2. 仔细观察下图,然后回答问题:

    a. 该星亮度的变化周期是什么?

    b. 哪一天该星最亮?

造父变星B的亮度变化图

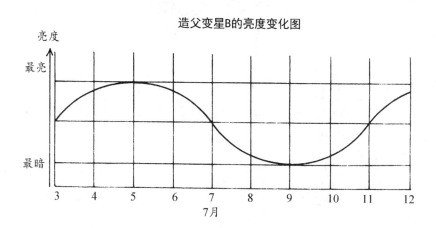

小实验　变星

模仿一颗造父变星的大小变化。

你会用到

一只圆气球,一只带秒针的手表。

实验步骤

❶ 将气球稍稍吹气。

❷ 捏住气球颈,将气球旋转半圈,不让空气外泄。此时气球的大小代表星的尺寸 A。

❸ 将气球口放入嘴中,稍微扭开气球颈,慢慢向气球吹气 5 秒钟。再次扭紧气球颈。此时气球的大小代表星的尺寸 B。

❹ 一只手捏紧气球颈,另一只手拿住气球,微微扭开气球,慢慢放出空气,使气球恢复到尺寸 A 的大小。

气球会放大和缩小。

实验揭秘

随着球内气压的变化,气球的大小也会发生变化。造父变星是外层会舒张和收缩的脉动变星。像气球一样,造父变星的大小变化取决于里面的气压。这些星体不平衡,内外力不均等。当内部吸力大于内部压力时,恒星就收缩,反之则膨胀。造父变星的大小发生变化时,它们的温度也会发生变化,同时散发出不同程度的光亮。

造父变星收缩时会变得越来越小和越来越热。随着温度的升高,更多的光能被散发出来,恒星也就越发明亮。膨胀时,恒星越来越大和越来越冷,散发的光能也越来越少,亮度也随之变弱。温度的变化会导致颜色的变化。总的来说,造父变星会从最高温度时的淡黄色变成最低温度时的黄色或橙色。

练习题参考答案

1. 解题思路

(1) 仙王座屋顶的那颗星位于连接北极星和仙后座中王良一的连线的附近。

(2) 仙后座的 W 状面向仙王座。

答： B 是仙王座的位置。

2a. 解题思路

(1) 完成亮度变化的周期是几天？在图标上 7 月 3 日的地方想象一个起始点，然后在 7 月 11 日的地方找到重复点。

(2) 7 月 3 日和 11 日之间相隔几天？减一下：11 − 3 = ？

答： 造父变星 B 的亮度变化周期为 8 天。

2b. 解题思路

(1) 图标的什么部分表示最亮？

顶部。

(2) 哪一天接近图表顶部？

答： 7 月 5 日造父变星 B 最亮。

寻找天龙座

知识必备

　　天龙座是个大星座。与大多数星座不同的是，很容易通过假想线勾画出它天龙座的形状。尽管天龙座没有真正明亮的星星，找到它一点都不难。夏天最容易看到天龙座。

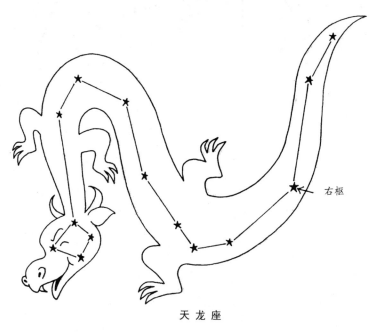

右枢

天　龙　座

天龙座在40°N或更高的地方,是一个拱极星座,朝北望去就能看到它。由星组成的龙尾巴从北斗(七)星和小熊座开始,尾巴尖在北斗(七)星碗体上的天枢附近,沿着小熊座的碗体蜿蜒向前,身体的中间部分朝仙王座弯曲过去,构成龙头的4颗星突然离开仙王座,和北斗(七)星把柄的末端遥相呼应。

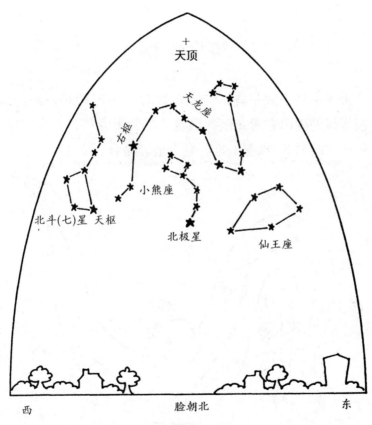

7月1日晚上10点
7月16日晚上9点
8月1日晚上8点

北极地轴的末端指向天极。离北天极最近的星是北极星。可是公元前 3 000 年时，北极地轴指向右枢——龙尾巴上的一颗星。地轴方向的变化叫做**进动**（自转物体绕着自转轴转动的同时又绕着另一轴旋转的现象）。赤道的周长比穿过两极的周长略大。太阳和月亮对地球凸起的赤道的引力导致地球在旋转时会产生颤动。这种由太阳和月亮共同导致的进动作用就称为**日月岁差**。结果，我们可以想象，北极的地轴在天空中画出了一个圆形。地轴用大约 26 000 年的时间来完成一次**岁差周期**。随着地球的进动，北极星发生了变化。从现在开始大约 12 000 年后，天琴座中明亮的织女星将成为北极星。

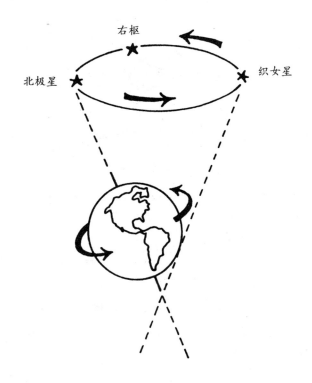

思考题

1. 仔细观察下图, 确定 A、B、C、D 四个位置中哪个是天龙座龙头的位置。

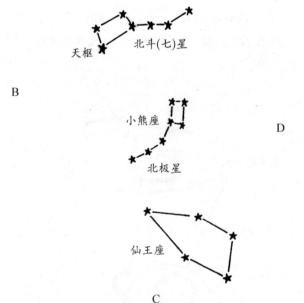

2. 下页图中所示的是地轴进动的轨迹。仔细观察, 回答下列问题:

   a. 在哪一年右枢将再次成为北极星?

   b. 织女星成为北极星多少年后, 现在的北极星又将成为北极星?

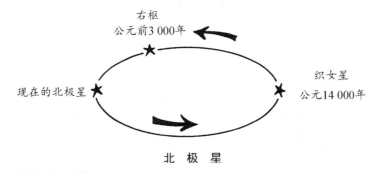

右枢
公元前3 000年

织女星
公元14 000年

现在的北极星

北 极 星

1. 解题思路

龙尾巴从天枢附近开始,绕着小熊座的碗体前行。龙身指向仙王座后又折回,龙头离开仙王座,和北斗(七)星把柄的末端遥相呼应。

答:D是天龙座龙头的位置。

2a. 解题思路

(1) 什么时候右枢是北极星?

公元前 3 000 年。

(2) 公元前 3 000 年以后多少年右枢将再次成为北极星?

26 000 年。

(3) 公元前的年份为负数,26 000 + (−3 000) = ?

(4) 减一下日期:26 000 − 3 000 = ?

答:在公元 23 000 年右枢将再次成为北极星。

2b. 解题思路

(1) 地轴将用 26 000 年的时间完成一次岁差周期。

（2）假设现在是 2 015 年，26 000 ＋ 2 015 ＝？

答：太约 28 015 年时，北极星将再次成为北极星。

练习题

1. 仔细观察 A、B、C 三幅图，确定哪幅图显示了构成天龙座龙尾巴尖的星星的正确位置。

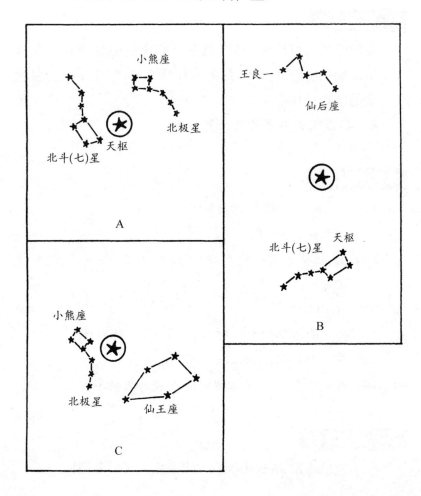

2. 下图中的圆圈代表地球进动的轨迹,圆圈上的点代表北极星的变化位置。仔细查看下图,回答下列问题:

　a. 5 000年以后,北极星将在哪个星座中?

　b. 根据天琴座中织女星所显示的日期,哪一年织女星又将成为北极星?

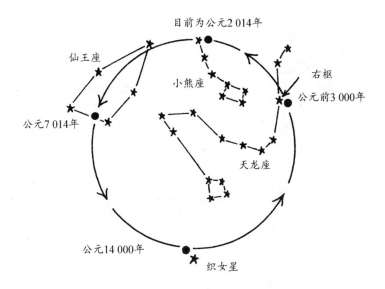

小实验　地球的进动

❶ 用圆规在卡片上画一个半径为 5 厘米的圆。

❷ 剪下这个纸圈。

❸ 让助手将牙签穿过圆的中心,牙签一端露出大约0.6厘米。

注意:助手需要用圆规尖头在卡片中心戳个洞,然后插入牙签。

❹ 将牙签短的一端放在如桌面一样平滑的地方,牙签长的一端朝上。

❺ 用两根手指迅速旋转牙签长的一端,然后松开手指。

❻ 观察牙签顶部的运动状况。

实验结果

随着纸圈转动,牙签尖头会以环形的轨迹运转。

实验揭秘

由于纸圈不是一个完全的圆,牙签又不可能在正中间穿过,因此,随着纸圈转动,它的重力就会产生变位。地球就像纸圈,它不是一个绝对的圆,旋转时会颤动。赤道略微凸出,其半径(6 378.137千米)比两极半径(6 359.752 千米)更长。地球进动时,地轴以环形的轨迹移动。纸圈转动时,牙签尖头进行许多次旋转,但地球必须用 26 000 年的时间才能使地轴转完一圈。

练习题参考答案

1. 解题思路

天龙座的尾巴尖在小熊座和北斗(七)星之间,在北斗(七)星的天枢附近。

答: 图 A 显示了构成天龙座尾巴尖的星星的正确位置。

2a. 解题思路

(1)5 000 年以后将是哪一年?

2 014 + 5 000 = 7 014。

(2)根据图中地球进动的轨迹所示,公元 7 014 年时地球进动将移向哪个星座?

答:5 000 年以后,北极星将在仙王座中。

2b. 解题思路

(1)地球将用 26 000 年的时间完成一次进动。

(2)根据图中所显示的日期,织女星再次成为北极星的日期可按照下列计算法:14 000 + 26 000 = ?

答: 根据图中所显示的日期,织女星将在公元 40 000 年时再次成为北极星。

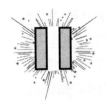 # 寻找黄道星座

知识必备

地球和太阳系中的其他行星都绕着太阳转。但从地球上看去,太阳和其他行星似乎穿梭于恒星中间,在天球表面移动。太阳围绕天球运行一年的轨迹叫做黄道,在下页图中就是一条虚线。请注意,黄道的一半在天球赤道的上面,另一半在天球赤道的下面。

黄道犹如一条环形带,上面有 12 个星座。这条环形带叫黄道带,上面的星座叫黄道星座。

黄道星座表

名　　称	太阳进入日期	名　　称	太阳进入日期
双鱼座	3 月 15 日	处女座	9 月 17 日
白羊座	4 月 16 日	天秤座	10 月 18 日
金牛座	5 月 15 日	天蝎座	11 月 17 日
双子座	6 月 16 日	人马座	12 月 17 日
巨蟹座	7 月 17 日	摩羯座	1 月 15 日
狮子座	8 月 17 日	宝瓶座	2 月 13 日

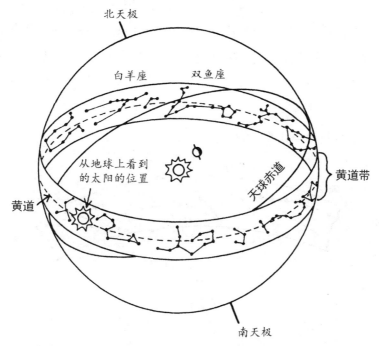

北天极

白羊座　　双鱼座

从地球上看到
的太阳的位置

黄道带

天球赤道

黄道

南天极

　　从地球上看,黄道星座成了其他行星的背景,那是因为它们绕日轨道和绕地轨道几乎处在相同的平面上。行星似乎在贯穿黄道星座的黄道附近的轨道上运行。肉眼能看到的行星有水星、金星、火星、木星和土星。必须使用望远镜才能看到的行星有天王星和海王星。

　　天文学家有时利用黄道星座来指明太阳和其他行星在特殊时期时的位置。在一些特殊时期,据说太阳和其他行星就在黄道星座里面。下页图中显示的是太阳在双鱼座时地球的位置。白天强烈的太阳光使人们看不到星座,如果能看到的话,那就是一条假想线从地球穿过太阳再到双鱼座,即双鱼座就在这条线的一端。3 月 15 日到 4 月 15 日是太阳在双鱼座中的时期。在这段时期中,黄道上的双鱼座躲在太阳的后面,它们一起从东方升到地平线上，在南部天空中以拱形轨迹移动，然后从西方落到地平线下。在它们的前面和后面是其他的黄道星座，沿着黄道在自己的轨迹上移动。黄道带两旁是其他的恒星和星座，从地球上看，同样从东方升起，穿过天空，然后往西方落下。太阳进入每个黄道星座的大体日期已列在第 94 页的黄道星座表中。

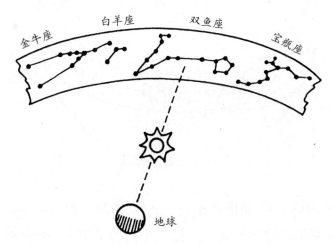

请记住，太阳和星座并非真的在天空中移动。相反，是地球在旋转。当旋转着的地球从它们旁边经过时，你看到了太阳和星座。地球自转一圈的时间大约为 23 小时 56 分钟，其间除了经过黄道星座，还经过天空中的其他星座和星星。夜晚，地球的黑暗面远离太阳，你能看到黄道对面的星座和恒星，是因为你不是在白天的天空下。

从地球上看，太阳的移动比黄道星座的移动慢。太阳需要 24 小时才能完成它一天的旅程，比黄道星座多用了大约 4 分钟。将这 4 分钟加起来，根据星座的大小，大约每隔 4—6 周，下一个黄道星座就能赶上太阳。太阳离开双鱼座后将进入白羊座,然后进入金牛座,以此类推,直到它再次进入双鱼座。

黄道带也是占星术中的"星座属相"。占星术认为黄道星座和其他天体的位置会影响人们的生活。这种说法没有科学根据。因此,占星术被认为是**伪科学**(假装科学,但不以科学原理为基础)。古代占星家把黄道带分成12个部分,每个部分被称为宫,每个宫根据太阳所在时的星座而命名。比如,宝瓶座的星座属相是从1月21日到2月19日,在这期间,太阳在宝瓶座内。因为进动的缘故,已经确立的黄道十二宫的日期并不和目前太阳在黄道星座中的日期一致。今天,占星术中宝瓶宫的日期仍然是从1月21日到2月19日,但这一时段的大部分时间里,太阳在摩羯座中。然而,占星家们继续把古代的日期用在他们的星座属相上。

思考题

1. 仔细观察下图,确定太阳在哪个黄道星座中。

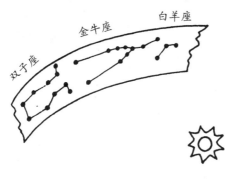

双子座　金牛座　白羊座

地球

2. 下面第一幅图显示的是刚刚日落后的双子座。在下面的 A 和 B 两幅图中,哪幅显示了双子座日落后约一星期时的位置?

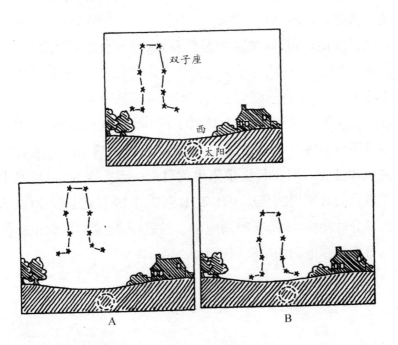

A

B

1. 解题思路

从地球开始,穿过太阳到黄道带画一条直线,哪个星座在这条直线上?

答: 太阳在双子座中。

2. 解题思路

(1) 太阳和黄道星座从东方升起,往西方落下。

(2) 太阳移动的速度比黄道星座移动的速度慢。因此,双子座赶上甚至超过太阳。

答：图 B 显示了双子座日落后约一星期时的位置。

练习题

仔细查看下图,然后回答问题:
1. 地球处在 C 位置时,太阳在哪个黄道星座中?
2. 地球处在 C 位置时,在夜空中能看到哪个黄道星座?

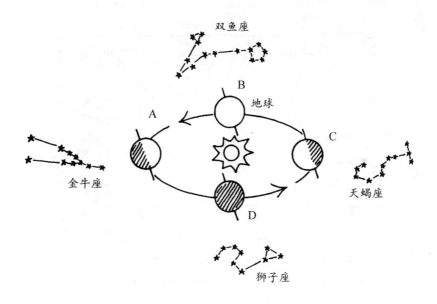

小实验　背景变化

实验目的

确定从地球上看太阳在黄道带上的位置为何会发生变化。

一支记号笔，12张打印纸，一卷遮蔽胶带，一名助手。

❶ 把黄道星座的名称打印在纸上，一个名称一张纸。

❷ 将印有星座名称的纸张贴在房间的四壁上，每堵墙上贴3张纸，纸的高度略高于助手。必须按照下图中的顺序贴纸。

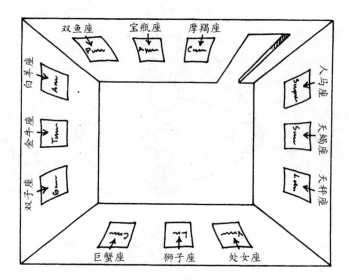

❸ 让你的助手站在房间中央。

❹ 你站在助手的对面，而白羊座在你助手的身后。

❺ 以逆时针方向围绕助手慢慢走动，但你的脸继续对着助手。

❻ 一边走一边观察助手头部正后方墙上的星座。回到白羊座的地方时停止脚步。

实验结果

在你移动时,不同的星座会出现在助手的头部上方。

实验揭秘

太阳并不是真的在天空中移动。相反,是地球在围绕着太阳转动。星座中的星星并不是真的在天空中移动,只是由于地球的不同位置,它们看上去似乎在移动。在这个实验中,助手的头代表太阳,你代表地球。当地球围绕太阳旋转时,不同的黄道星座位于太阳的后面。当太阳处在某个特定的黄道星座中时,由于强烈的阳光,人们就无法看到该星座。注意:不要直视太阳,以免伤害你的眼睛。

印有星座名称的纸张代表天空中黄道星座的顺序,但并不代表它们相互之间的距离。绕太阳旋转一圈,地球要用一年的时间。在这一年中,太阳会分别进入 12 个黄道星座中。

练习题参考答案

1. 解题思路

从地球(C 位置上)开始穿过太阳画一条假想线,什么黄道星座在这条假想线上?

答:地球处在 C 位置时,太阳在金牛座中。

2. 解题思路

(1) 背离太阳的地球面是黑暗的。这个黑暗面对着夜空。

(2) 当地球处在 C 位置时,哪个黄道星座在地球的黑暗面?

答:当地球处在 C 位置时,在夜空中能看到天蝎座。

寻找天秤座

知识必备

在黄道星座中,天秤座是唯一不代表生物的星座。它代表一杆秤(一种表示平衡的器具)。由于它的星群不太明亮,又出现在南地平线附近,因此它是最不显眼的黄道星座。靠近地平线的恒星都不易被看见。天秤座在 6 月份最容易被看到。

古代的观星者们认为太阳围绕着地球旋转。他们观察到每天太阳的轨迹成拱形横跨天空。中午时太阳在轨迹的最高峰。一年中轨迹在地平线上的变化从夏季的最高峰到冬季的最低峰。太阳轨迹这种季节性的上下移动是由于地球围绕太阳旋转时地球的倾斜而引起的。一年中有 6 个月,太阳出现在天球赤道的北边,因此,北半球的天空观察者会发现,白天太阳就高挂在天空中。

6 月 21 日左右,太阳出现在天球赤道的最北边,其轨迹到达天空的最高点,这个位置叫做夏至点。

天秤座

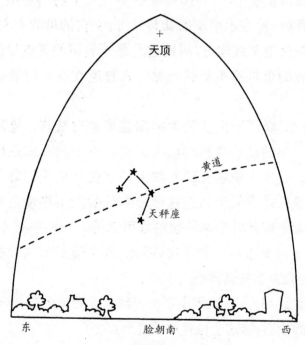

天顶

黄道

天秤座

东　　　　　　　脸朝南　　　　　　西

6月1日晚上10点钟
6月16日晚上9点钟
7月1日晚上8点钟

104

夏至点是 6 月 21 日从地球上看到的太阳在天空中的位置。由于太阳和黄道星座远离地球,它们看上去就像聚集在黄道带上。

一年中的另外 6 个月,太阳出现在天球赤道的南边,落在天空的底部。12 月 21 日左右,太阳出现在天球赤道的最南边,其轨迹到达天空的最低点,这个位置叫做**冬至点**。

黄道穿过天球赤道两次。3 月 21 日左右,太阳穿过天球赤道往北移动,此时它在天空中的位置叫做**春分点**。**秋分点**是指太阳 9 月 23 日左右在天空中的位置,此时它穿过天球赤道向南移动。春分点和秋分点时,太阳轨迹的最高点在夏天的最高峰和冬季的最低峰的中间。

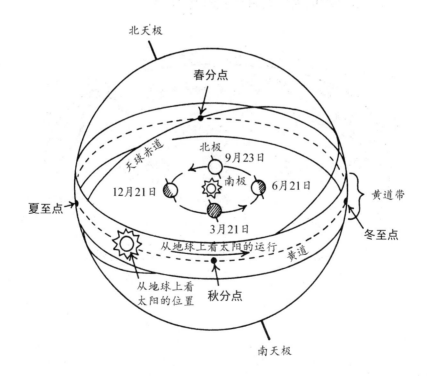

好几千年前,秋分时期太阳在天秤座内。由于地球在地轴上旋转时微微颤动,因而产生进动。几千年后的今天,地轴指向不同的方向。今天,由于地球位置的变化,秋分时期太阳处在一个不同的黄道星座内。

思考题

下图显示的是地球、太阳和黄道带的大体位置。仔细观察下图,然后回答问题:

1. A、B、C、D 中,哪个位置显示秋分时期地球的位置?

2. 秋分时期太阳在哪个黄道星座中?

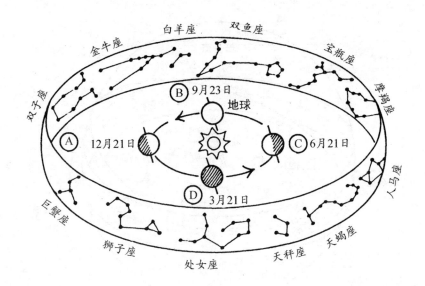

每年的 9 月 23 日左右为秋分。

答: B 位置表明秋分时期地球的位置。

从地球穿过太阳到黄道带画一条假想线,这条线表明太阳所在的黄道星座。

答: 秋分时期太阳在处女座中。

练习题

下图显示的是一年中不同的日子里正午时太阳轨迹的高峰点。仔细观察下图,回答问题:

1. 在 A、B、C、D、E 中,哪个位置代表冬至点?

2. 在白羊座、天秤座或摩羯座中,太阳在哪个星座时轨迹达到最高峰?

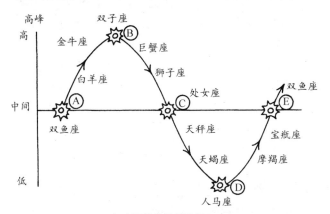

正午太阳轨迹的最高峰

小实验　夏至和冬至

通过制作模型,表明夏至和冬至时地球和太阳的位置。

你会用到

一把剪刀,一把直尺,一张打印纸,一卷透明胶,一支记号笔,一块高尔夫球大小的制作模型的黏土,一个用黄色美术纸做成的直径为 5 厘米的纸圈,一枚回形针。

实验步骤

❶ 从打印纸的最长边上剪下 2 根 3.7 厘米长的纸条。

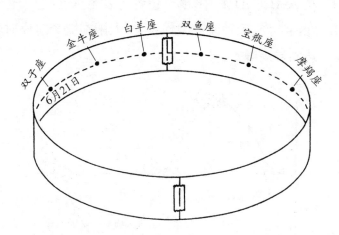

❷ 将 2 根纸条的两端重叠并粘在一起,构成一个长纸条。

❸ 在纸条中间画上一条虚线。

❹ 在离纸条右端 2 厘米处的虚线上画一个点。沿着虚线再画上 12 个点，每个点之间相隔 3.7 厘米。

❺ 从纸条右端的第 1 个点开始，写上：白羊座，金牛座，双子座（6 月 21 日），巨蟹座，狮子座，处女座，天秤座，天蝎座，人马座（12 月 21 日），摩羯座，宝瓶座，双鱼座。

❻ 将纸条的两端重叠起来，使星座的名称在纸环的内面，将标有"白羊座"的那个点盖在最后那个没有任何标记的点上。将纸条的两端粘在一起，构成一个纸环。纸环代表黄道带。

❼ 将黏土分成两半，弄成大约 2.5 厘米高的软糖形状的底座。把底座放在桌子上。

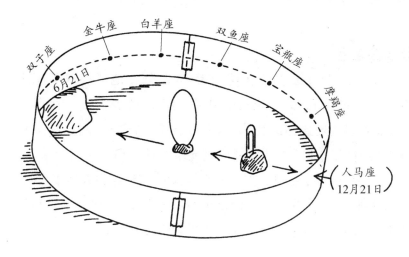

❽ 把纸圈放在桌子上，把标有"双子座"的部分搁在黏土底座上，标有"人马座"的部分放在桌面上。

❾ 从剩余的黏土上掰下豌豆大小的一块黏土，放在纸环中央，然后把黄色纸圈竖在黏土上，正对着双子座。黄

色纸圈代表太阳。

⑩ 把剩下的黏土弄成一个球,将回形针插在球上。黏土球代表地球,回形针代表观察者。

⑪ 将黏土球放在纸环内的太阳和人马座之间,观察者面对双子座。观察双子座、太阳和观察者的位置。

⑫ 将黏土球移至太阳和双子座中间,观察者面对人马座。观察人马座、太阳和观察者的位置。

实验结果

　　当观察者面对双子座或人马座时,太阳就在观察者和他所面对的那个星座之间。

实验揭秘

　　6月21日是夏至。在这一天,太阳处在地球和双子座之间。从地球上看,太阳出现在用虚线代表的黄道上。在那一天,太阳的轨迹达到最高峰,太阳处在双子座内。搁在黏土底座上标有"双子座"的纸环部分就显示了这一点。

　　12月21日是冬至。在这一天,太阳处在地球和人马座之间。再次从地球上看,这一天太阳出现在黄道上,并且在天空的最低点上。搁在桌面上标有"人马座"的纸环部分就显示了这一点。

练习题参考答案

1. 解题思路

　　(1) 每天正午时太阳到达它在天空中的最高点。

(2) 冬至那一天,正午时太阳轨迹的最高峰是一年中最低的。

(3) 哪个位置表明太阳在中午时的最低点?

答: D位置代表冬至点。

2. 解题思路

(1) 天秤座和摩羯座所在的线的位置表明从中间到低峰。

(2) 白羊座所在的线的位置表明从中间到高峰。

答: 太阳在白羊座时轨迹的顶点比在天秤座和摩羯座时高。

13 寻找人马座

知识必备

　　人马座是最南端的黄道星座。它从东南方升起,穿过接近地平线的南部天空,在西南方落下。从7月初到9月末能看到人马座。整个星座被古希腊人想象成一名弓箭手,后来又被认为是一个半人半马的怪物。很难识别出它是一名弓箭手还是一个怪物,但很容易看出它是一个由星群构成的茶壶。茶壶的"蒸汽"就是银河,它在人马座中最明亮。先于人马座横跨天空的是呈锚形的天蝎座。

　　人马座包含许多**星团**(由于引力作用聚集在一起的星星)和星云。其中肉眼就能看到的是被叫做M8的泻湖星云。这种**发射星云**(由星际气体组成的能发射光芒的星云)被发现处在茶壶嘴的上方。用肉眼看,它像一块模糊不清的云片。在双筒望远镜中,观察者看到的是被一片光明的背景围住的闪烁着的恒星。在单筒望远镜中,看到的是在灿烂云彩中的一个巨大星团。它之所以被称作泻湖星云,是因为黑色尘雾侵入其中,看上去像泻湖。

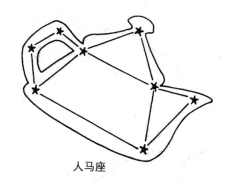

人马座

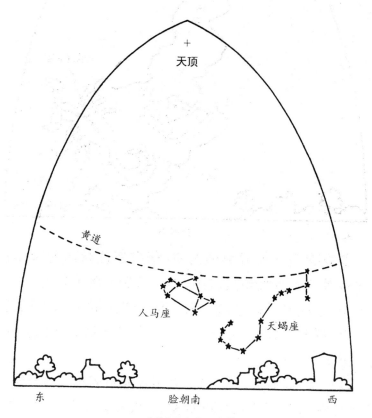

8月1日晚上10点钟
8月16日晚上9点钟
9月1日晚上8点钟

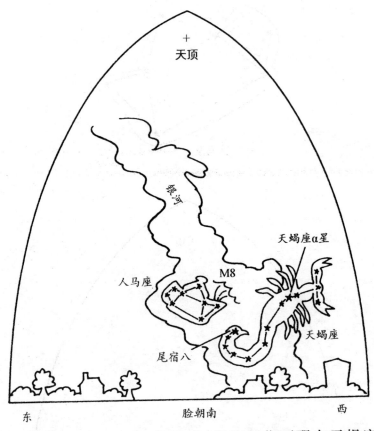

茶壶嘴中不仅冒出蒸汽来,蒸汽还往西飘向天蝎座。从茶壶嘴随一条假想线向西,是一颗明亮的淡红色的天蝎座α星,它代表天蝎座的心脏。靠近茶壶的是天蝎尾巴上的2颗恒星,其中较亮的是尾宿八(阿拉伯语中意为"蛰")。

按照惯例,通常只有12个黄道星座被列出来,但还有第13个星座,每年的11月30日左右,太阳会穿入其中。这个经常被忘却的星座叫蛇夫座,它代表一位手中握有一条蛇的医者(我们早期的祖先将蛇和医治联系起来)。那蛇是一个单独的星座，被叫做巨蛇座，也是唯一被分离出来的星座。巨蛇头座在蛇夫座的西边，而巨蛇尾座在蛇夫座的东边。往天蝎座的北面看，就能发现蛇夫座，它那小而较低的部位就在黄道上，在人马座和天蝎座之间。

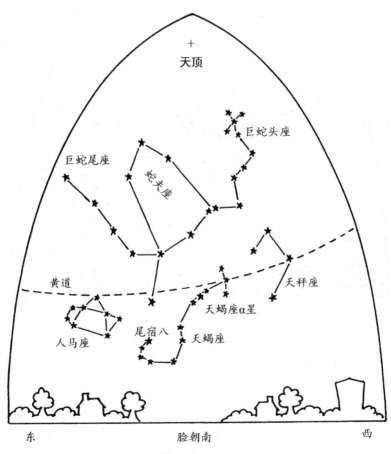

7月1日晚上10点钟
7月16日晚上9点钟
8月1日晚上8点钟

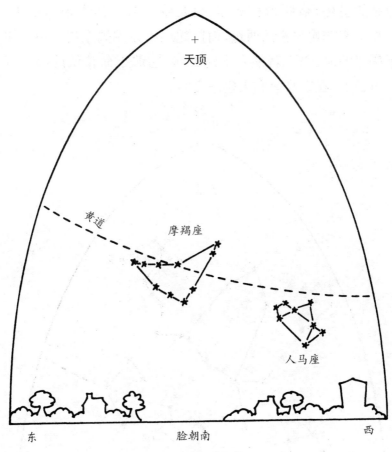

天顶

黄道

摩羯座

人马座

东　　　　　　　　　脸朝南　　　　　　　　西

9月1日晚上10点钟
9月16日晚上9点钟
10月1日晚上8点钟

　　夏季的另一个黄道星座叫摩羯座,英语的另一个表达为"Sea Goat",意为"海山羊"。因为这个星座的图形被想象成山羊的头和前腿以及鱼的尾巴。事实上,它看上去更像一个箭头。这个星座很暗淡,但可以在人马座的东边找到它。

思考题

下列选项中,哪个对泻湖星云的描述是正确的?

A. 黑暗;

B. 由尘埃和气体构成;

C. 可以在天蝎座中发现。

解题思路

(1) 这种星云尽管有些部分是黑暗的,但大部分是明亮的,因为它的气体足够热,能散发出光亮。

(2) 所有的星云都由尘埃和气体构成。

(3) 泻湖星云在人马座附近,并不在天蝎座中。

答: B对泻湖星云的描述是正确的,因为同所有的星云一样,泻湖星云也是由尘埃和气体构成的。

练习题

在下页图中的 A、B、C 中,哪一个代表了第 13 个黄道星座的位置?

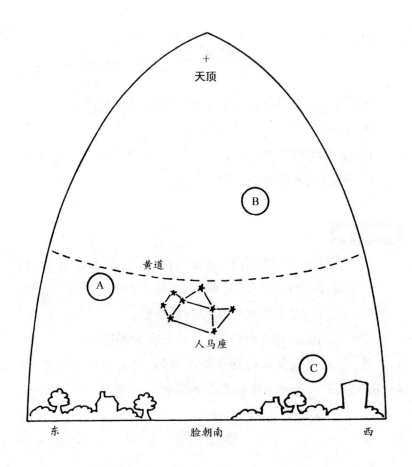

天顶

B

黄道

A

人马座

C

东　　　　　　脸朝南　　　　　　西

小实验　泻湖星云的黑暗区

实验目的

确定泻湖星云为何有黑暗区。

你会用到

一只单孔纸张打孔器，一张索引卡片，一把尺子，一卷透明胶。

❶ 如下图所示,在索引卡片上打 2 个小孔。

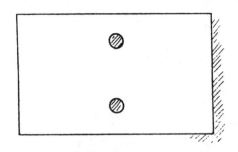

❷ 在胶纸上撕下一段约 2.5 厘米长的胶纸,将它盖在其
中的一个小孔上。

❸ 脸朝着没有直射太阳光线的窗户。

注意:不要直视太阳,这样会伤着你的眼睛。

❹ 闭上一只眼睛,将卡片放在那只睁着的眼睛前。穿过
每个小孔,观察你能感受到的光亮度。

❺ 撕下另一片约 3.7 厘米长的胶纸,将它的一端粘在已被盖住的小孔的一旁。如下图所示,用铅笔尖撑起胶纸,使其成拱形,然后将胶纸的另一端粘在小孔的另一旁,再抽掉铅笔。

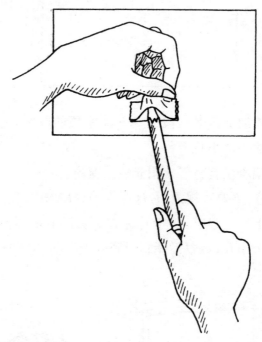

❻ 再次穿过卡片上的 2 个小孔,观察你通过不同的小孔能感受到的光亮度。

❼ 将步骤 5—6 重复 5 次,每次将胶纸增长约 1.25 厘米,把每一次拱起的部分盖在前一次的上面。拱起的部分不能相互粘住。

实验结果

从没有盖胶纸的小孔中看,光亮度没有发生变化,但就盖住的小孔而言,随着胶纸的增加,光亮度逐渐减弱,直到最后看不到一点光亮。

实验揭秘

干净的塑料是透明的,也就是说,光能将它穿透。当一个人透过一层或两层透明材料看东西时,他的视域会有轻微的变化。随着被一层层空气隔开的透明材料的层数的增加,越来越多的光就被挡住。观看由尘埃和气体组成的星云也是这个道理。泻湖星云中的黑暗区就是由挡住光亮的星际物质引起的。

练习题参考答案

解题思路

(1) 第 13 个黄道星座是蛇夫座。

(2) 蛇夫座小而较低的部位就在黄道上,在人马座和天蝎座之间。

(3) 蛇夫座的大部分在天蝎座的上面。

(4) 天蝎座在人马座的西边。

答: B 代表了第 13 个黄道星座——蛇夫座的位置。

14 寻找狮子座

知识必备

狮子座是黄道星座。从 4 月初到 6 月末，人们能看到狮子座高高挂在天顶附近的南边的天空中。顺着北斗（七）星碗体的天权和天玑，就能找到狮子座。借助星图，脸朝北面，从这两颗星开始往南延伸一根假想线，到达一颗叫轩辕十四的明星处，它是"狮子"的心脏。

一旦找到了轩辕十四，你的脸朝南，就能寻找星座中的其他恒星。脸朝南，狮子以身体的右侧出现。西边有 5 颗星，加上轩辕十四，形成一个反过来的问号。它们构成狮子的头部。狮子的身体和尾巴在轩辕十四的东边。

不同的恒星跟地球间的距离是不相同的。轩辕十四离地球约 802 万亿千米，五帝座一，离地球约 368 万亿千米。恒星离地球如此之遥远，天文学家使用了一种叫光年的测量单位。1 光年就是光在一年中所经过的距离，约为 9.4 万亿千米。要用大约 85 年的时间，轩辕十四的光才能到达地球，也就是 85 光年的距离。五帝座一的光要用大约 39 年才能到达地球，所以，它离地球的距离是 39 光年。

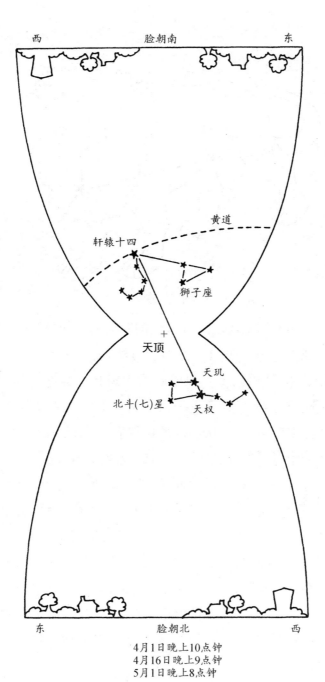

西　　　　　脸朝南　　　　　东

黄道

轩辕十四

狮子座

天顶

天玑

北斗(七)星　　天权

东　　　　　脸朝北　　　　　西

4月1日晚上10点钟
4月16日晚上9点钟
5月1日晚上8点钟

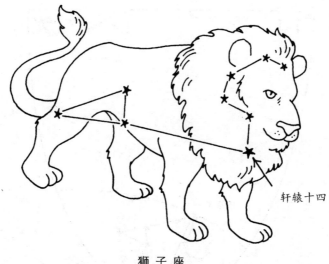

轩辕十四

狮 子 座

天文学家用来发现附近恒星的距离的一个方法就是测量它们的视差。想弄明白这种测量方法，就把你的大拇指放在你的鼻子旁，然后闭上一只眼睛看大拇指。当你看到大拇指后面不同的背景时，你会发现大拇指似乎从一边跳向另一边。恒星就像大拇指一样，从不同的位置看，它似乎在移动。观察地之间的距离越远，恒星的跳跃或视差也就越大。

星球视差就是一颗恒星的视差。为了测量星球视差，天文学家在某一个晚上对天空拍照，6个月以后，当地球转到其绕日运行轨道的对面的时候，天文学家又对天空拍照。这样做的目的是为了提供观察点，两个观察点之间的距离是地球绕太阳旋转的轨道的直径的距离，约为3亿千米。两张照片的比对显示出一颗恒星移动的距离。恒星离地球越近，它的视差就越大。下页的图片夸大了离地球最近的恒星的视差。

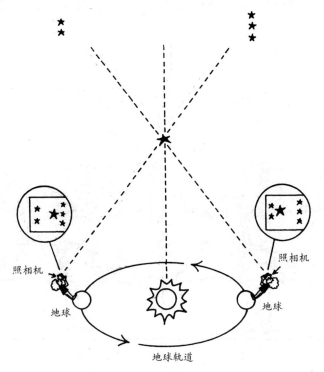

照相机

照相机

地球

地球

地球轨道

　　由于恒星和地球之间的距离遥远，即使是最近的恒星，其视差也是很微小的。早期的天文学家没有高精度的仪器来进行这些细微的测量。1838 年，德国天文学家弗里德里希·贝塞尔是第一个测量恒星视差的人。今天，由于更多精确的测量仪器、精密的摄影设备和航天器的问世，成千上万颗恒星的视差已经能够被测量出来了。

思考题

1. 光从一颗恒星出发，穿越太空，来到地球。双子座中的 β 星——北河三离地球的距离是 36 光年。假设在你出生的那一天，北河三的光前往地球，你多大年纪时才能看到这束光？

2. 下面哪套图显示了视差？

A

B

1. 解题思路

多长时间后北河三的光才能到达地球?

36 年。

答:当你看到在你生日那天离开北河三的光时,你已经36岁了。

2. 解题思路

(1)视差是指物体在不同的位置被观察时被看到的移动。

(2)在产生视差的过程中,不同的背景出现在物体的后面。

(3)哪套图显示了人站在不同的背景前?

答:图 B 显示了视差。

练习题

根据星距表下页的星座图回答下列问题:

1. 在显示的恒星中,哪个离地球最近?

2. 在显示的星座中,哪个包含离地球最远的恒星?

星距表

恒　　星	离地球的距离(光年)
心宿二(天蝎座 α 星)	325
北河二(双子座 α 星)	46
北河三(双子座 β 星)	36
角宿一	260

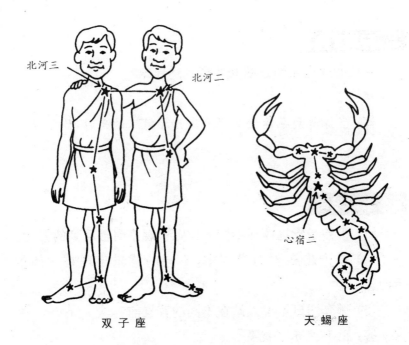

北河三

北河二

双子座

心宿二

天蝎座

角宿一

处女座

小实验 视差

实验目的

展示距离对视差的影响。

你会用到

一张 1 米长的纸条,一支记号笔,一卷遮蔽胶带,一支铅笔。

实验步骤

❶ 将纸条连续折四折。

❷ 打开纸条,在中间的折线处画一个箭头。如下图所示,在尖头两边的折线上依次标上 1—7 的数字。

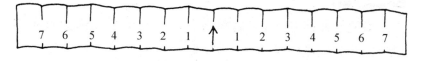

❸ 将纸条横着贴在墙壁上,高度和你的视线持平。

❹ 站在箭头前,然后往后退 6 步。

❺ 将铅笔竖在脸的正前方,但不要碰到鼻子。铅笔头必须跟你眼睛的上部保持同一水平。

❻ 闭上左眼,注意纸条上铅笔跟它几乎成一直线的记号。

❼ 不要移动你的头或铅笔,张开左眼,闭上右眼。注意纸条上铅笔跟它几乎成一直线的记号。

❽ 将铅笔握在手中,然后伸出手臂。重复步骤 5—7。

实验结果

　　铅笔先移向左边，然后移向右边。当铅笔和你的脸有相当距离的时候，这种移动并不明显。

实验揭秘

　　当你从不同地方观察同一物体的时候，位置就会发生移动，这种现象叫视差。你的两只眼睛分别从不同的角度观察了铅笔。因此，它们看到的背景是不同的。铅笔离眼睛越近，眼睛和铅笔之间形成的角度就越大。当两只眼睛轮流观察铅笔时，大角度就导致大视差。铅笔离眼睛越远，眼睛和铅笔之间的角度就越小，视差也就越小。

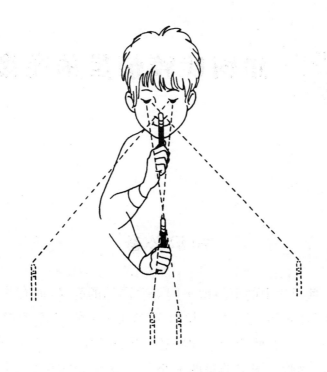

练习题参考答案

1. 解题思路

图中哪颗恒星离地球的光年最小?

答:北河三离地球的光年最小。

2. 解题思路

（1）图中哪颗恒星离地球的光年最大?

心宿二。

（2）心宿二在图中的哪个星座中?

答:天蝎座包含离地球最远的恒星。

15 如何比较恒星的亮度

知识必备

有些星座中的恒星似乎闪烁着同等的亮光，而有些星座中的恒星闪烁的亮光并不相同，有些可能非常明亮，有些则几乎看不到，还有些介于中间状态。星图通常用星的大小来表示亮度，尽管星图上的星的大小并不表示它的实际大小。在星图上最亮的星显得最大，最暗淡的星显得最小。

下页的图显示了金牛座中的几颗恒星。圆点的不同大小表明了这些恒星不同的亮度。毕宿五（金牛座 α 星）是最明亮的星，所以，它在图中的点最大。五车五的亮度排第二，代表它的点略小一些。其他恒星的亮度差异并不明显，因此，点的大小也几乎没有什么差别。

两千多年前，古希腊的天文学家希帕克斯（公元前190—前120年）根据从地球上看到的恒星亮度，编制了辨别恒星的体系。他将数字1—6代表不同亮度的恒星。最亮的恒星被标为亮度1；肉眼（指最佳视力）能看到的最微弱的恒星被标为亮度6。这种对天体的能见亮度的测量被叫做视星等。

五车五

毕宿五(金牛座α星)

金 牛 座

在现代视星等级(一种视星等列表)中,星等为 1 的星的亮度是星等为 16 的星的 100 倍。这种等级也测量大于 6 和小于 1 的星等。除太阳外,最亮的恒星是天狼星,其星等是－1.5。在望远镜的帮助下,星等暗于 6 的恒星现在都能被看到。下页的白羊座图中括号内的数字显示了各个恒星的星等。如下页图中所示,恒星娄宿一和娄宿的数字低于娄宿二,所以它们更加明亮。

地球上肉眼所见的恒星的光亮有别于该恒星实际的亮度。亮度取决于每秒钟进入观察者眼睛的光。地球上肉眼所见的恒星的光亮不仅取决于该恒星的亮度,还取决于该恒星跟地球间的距离。有些恒星非常大,比如金牛座中的毕宿五,它比太阳大 35 倍,它的亮度是太阳亮度的 100 倍,但由于它离地球非常遥远,就显得没有太阳那么明亮。和太阳

133

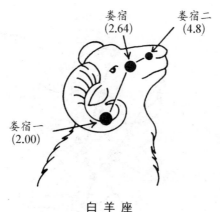

娄宿
(2.64)

娄宿二
(4.8)

娄宿一
(2.00)

白羊座

－26.8的视星等相比,毕宿五的视星等只有0.9。如果2颗恒星的星等相同,距离较远的那颗恒星的亮度就越大。如果2颗恒星的亮度相等,较近的那颗就显得越亮,因此视星等也就越低。

一颗恒星的光均匀地朝四面八方散开。随着恒星和地球之间的距离增加,到达地球的热能就有所减弱。下页图中展示的是3颗跟地球有不同距离的恒星如何在3个不同的地方散发热能。图中右侧箱子上的斜线代表观察者在地球上看到的光亮。如图所示,3个箱子上的斜线数量相等(6条),表明3颗恒星的亮度相等。正如间隔很小的线条所示,距离1的恒星显得最亮,而距离3的恒星显得最暗淡,因为线条的间隔很大。

天文学家还使用一种叫做**绝对星等**的方法来测量恒星的亮度。用这种方法测量,就仿佛把所有的恒星放在一个离地球32.6光年的地方。在这种方法下,太阳不再显得是我们最亮的恒星。太阳的绝对星等约为5;毕宿五和其他最亮的恒星的绝对星等约为－6。因此,如果太阳和毕宿五离地

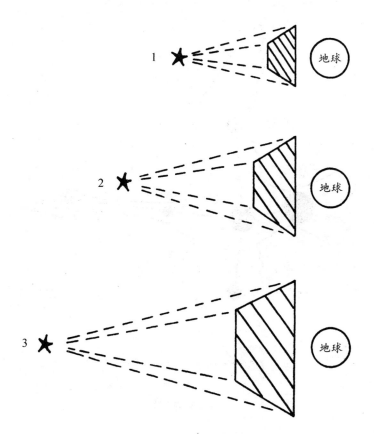

球都约为 32.6 光年,太阳就不如毕宿五那样明亮。但是视星等比绝对星等更为常用,因此,本书谈到的所有星等都是视星等。

思考题

下页图中展示的是天鹅座中恒星的视星等。仔细观看下页的图,从 A 到 F,按照从强到弱的顺序,列出这些恒星的星等。

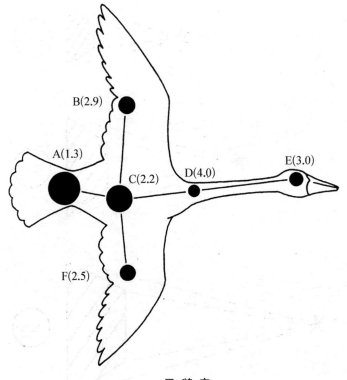

天 鹅 座

解题思路

（1）星等越低，恒星就越亮。

（2）哪颗恒星的星等最低？

恒星 A。

答：按照从强到弱的顺序，这些恒星依次为：A，C，F，B，E，D。

练习题

仔细观看恒星亮度表,回答下列问题:

1. 表中哪颗恒星最暗?

2. 天蝎座中的心宿二和处女座中的角宿一,哪颗星的亮度较大?

恒星亮度表

恒星	星座	视星等	离地球的距离(光年)
外屏七	双鱼座	3.8	98.0
心宿二	天蝎座	1.0	325.0
五帝座一	狮子座	2.14	39.0
北河三	双子座	1.1	36.0
角宿一	处女座	1.0	260.0
太阳	—	−26.8	0.000 02

3. 下面 2 幅图中的手电筒光分别代表 2 颗恒星。墙壁上每个光点中圆圈的数目表示亮度。仔细观察下图,确定 A、B 两束手电筒光中,哪个代表较亮的恒星。

小实验　距离对星光的影响

实验目的

展示恒星的距离如何影响它的视星等。

你会用到

2把相同的配有新电池的白炽灯手电筒,一把直尺(米尺),2位助手。

注意:这个实验必须天黑后在户外进行。

实验步骤

❶ 让你的2位助手肩并肩站着。

❷ 2位助手各拿一把手电筒并打开开关。

❸ 你站在助手前面3米远的地方。

❹ 让助手把手电筒的光对准你的脸。

❺ 观看2把手电筒射出的光,比较它们的亮度。

注意:不要一直盯着光亮看。

138

❻ 让其中一位助手往后退大约 9 米或更多,但手电筒继续照着你。

❼ 再次比较光的亮度。

实验结果

当 2 把手电筒离你的距离相同时,它们的亮度相等。距离不相同时,较近的手电筒看上去更亮。

实验揭秘

2 把手电筒发出的光代表 2 颗恒星散发出的同样的光。跟恒星一样,手电筒的光会均匀地朝四面散发。较远恒星的光到达地球的较少。因此,亮度相同但与地球距离不同的 2 颗恒星有不同的视星等。

练习题参考答案

1. 解题思路

（1）星等越高,恒星就越暗。

（2）表中哪颗恒星的星等最高?

答：表中双鱼座中的外屏七最暗。

2. 解题思路

（1）心宿二和角宿一的星等相同。因此,从地球上看,它们的亮度相等。

（2）当2颗恒星的视星等相同时,较远的那颗星的亮度就越大。

（3）哪颗星较远?

答：心宿二的亮度较大。

3. 解题思路

（1）2个光点都有5个圈,因此,它们的亮度相等。

（2）当2颗恒星的亮度相等时,较近的那颗显得更亮。

（3）哪个手电筒的光代表较近的恒星?

答：B手电筒的光代表较亮的恒星。

 **寻找春季星空中的星座**

知 识 必 备

　　不同的星座在一年内有不同的最佳观察时段。从 3 月下旬到 6 月初,春季的星座最容易被看到。星图表明了最佳的观察日期和时段。记住,当使用星图来寻找比星图上更早日期或时段出现的星座时,这些星座将在比较靠东的位置;寻找比

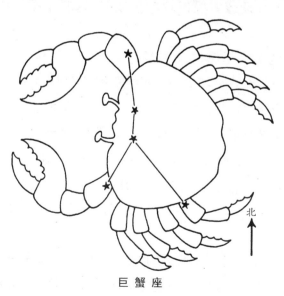

北

巨 蟹 座

牧 夫 座

星图上更晚日期或时段出现的星座时，这些星座将在比较靠
西的位置。

　　春季的黄道星座以及观察它们的最佳月份是：3 月的巨
蟹座，4 月的狮子座，5 月的处女座和 6 月的天秤座。春季
的 1 级星等恒星多于其他季节。2 个黄道星座——狮子座
和处女座，以及晚春时候的牧夫座，都包含至少一个这样的
明亮之星。尽管牧夫座被叫做牧夫，其恒星的形状更像一
只风筝。在 40°N 或纬度更高的地方，春季看得最清楚的拱
极星座是大熊座，而最出名的则是它的星群——北斗
（七）星。

　　春季可以利用星图来找到这些星座。先脸朝北，找到天
顶附近的北斗（七）星。通过碗体后部的天权和天玑，找到

狮子座。从天权开始,随一条假想线到狮子座中最明亮的恒星轩辕十四。从轩辕十四开始,脸朝西,随一条朝西北方向的假想线,找到一对明亮的恒星,它们是双子座中的北河二和北河三。双子座被认为是冬季的星座,2月份为最佳观察期,但早春时在西边的高空中仍能被清楚地看到。狮子座和双子座之间是巨蟹座,它由5颗暗淡的恒星组成。

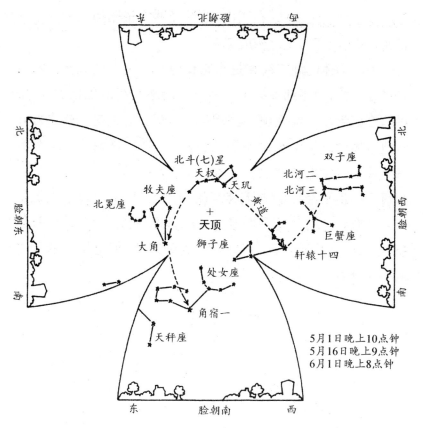

5月1日晚上10点钟
5月16日晚上9点钟
6月1日晚上8点钟

我们返回到北斗(七)星。随着弧形的斗柄向外到达大角(牧夫座 α 星),它是牧夫座中最亮的一颗星。牧夫座的东边是呈 U 形的北冕座。要找到处女座,必须重返大角,随一条穿过大角的弧线到达角宿一，它是处女座中最亮的一颗星。朝角宿一的东南方看，就能找到天秤座。和巨蟹座一样，天秤座由暗淡的恒星组成，因而很难找到。

地平经度和地平纬度的测量能描述星座在天空中的位置。一个物体的**地平经度**是它围绕地平线从北面沿顺时针方向以度数表示的距离。在正北，地平经度为 0°。在正东，地平经度与正北构成 90°。在正南，地平经度与正北构成 180°。在正西，地平经度与正北构成 270°。

一个物体的**地平纬度**是指它在地平线上方的高度。和地平经度一样，地平纬度以度数表示。沿地平线的任何地方，地平纬度都为 0°。在天顶，地平纬度为 90°。既然星座包含好几颗地平经度和地平纬度不同的恒星，一个星座就不可能只有一个地平经度和地平纬度。相反，可以利用一个星座中的一颗恒星的地平经度和地平纬度找到该恒星，同时也找到该星座。下图显示的是地平经度为 40°、地平纬度为 25°的一颗恒星。所以，要找到这颗星，你就得脸朝东北，朝地平线和天顶的 1/4 处看。

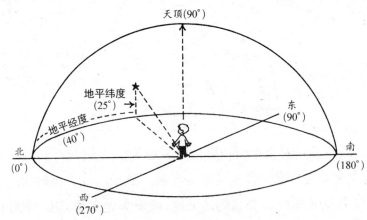

思考题

仔细观看下图,应用下列一个或多个名称回答问题:大角,北斗(七)星,牧夫座,狮子座,轩辕十四。

1. 恒星 A 叫什么星?

2. 恒星 B 所在的星座叫什么星座?

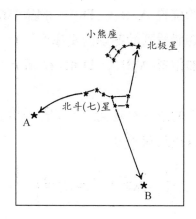

从北斗(七)星的把柄画出的弧形假想线通向哪颗明亮的恒星?

答:恒星 A 是牧夫座中的大角。

(1) 从北斗(七)星碗体后部的 2 颗恒星延伸出来的一条假想线通往哪颗明亮的恒星?

轩辕十四。

（2）轩辕十四在哪个星座？

答：恒星 B 所在的星座叫狮子座。

练习题

根据星座图回答下列问题：

1. 确定下页的图 1、图 2、图 3 和图 4 分别代表什么星座？

2. 星图上的位置 A、B、C、D 中，在哪个位置可以找到一个在早春能看到的冬季的星座？

3. 星图上的位置 A、B、C、D 中，在哪个位置可以找到处女座？

4. 当北河二的地平经度为 270°，地平纬度为 50° 时，你在哪里可以找到双子座？

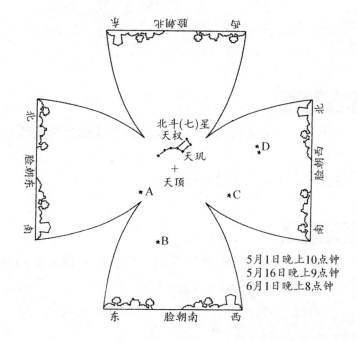

小实验 恒星的高度

测量恒星的地平经度和地平纬度。

一只量角器，一支记号笔，一只高强度纸质餐盘，一个纸巾卷的纸板管，一把剪刀，一卷遮蔽胶带，一根吸管，一枚揿钉，一只方向罗盘仪，一把天文手电筒（见第4章），一名助手。

实验步骤

① 按照以下步骤，制作方位圈(一种用于测量地平经度的仪器)：

● 如下图所示，用量角器和钢笔绕纸质餐盘每隔 10° 标上刻度。然后标上 0°N、90°E、180°S 和 270°W。

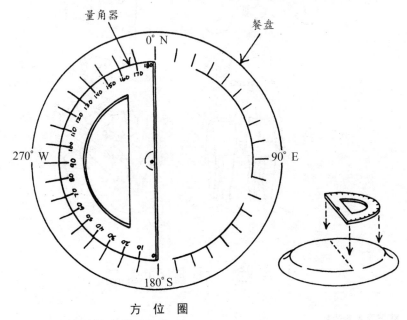

方 位 圈

● 将纸管竖在餐盘中央，然后围绕它画个圈。

● 挖掉你画的圈，将管子正好插在洞里面。管子要能随意转动。

② 按照以下步骤，制作星盘：

● 将量角器颠倒过来。用小片遮蔽胶带遮住量角器左边的数字，但不要盖住刻度线。

● 如下页图中所示，在小胶带上写上从 0 到 90 的数字。

● 用胶带将吸管固定在量角器的直边上。量角器要在

148

吸管的中央。

● 将揿钉插进量角器直边上的小洞中,然后再插进
  纸管中,这样就把量角器固定在纸管大约中间的
  位置。

● 将方位圈放在屋外的桌子上,然后把纸管插进方位
  圈的洞中。

● 上下调整量角器的位置,使吸管和纸管垂直。将吸
  管指向任何方向的地平线。

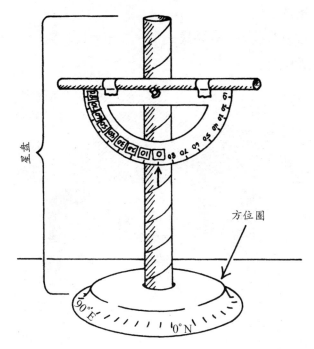

方位圈

● 闭上一只眼睛。用睁开的眼睛穿过吸管观看地平线。
  如果看不到地平线,调节纸管上的量角器的高度。

● 在量角器上 0°下方的纸管上画一个箭头。你的星盘
  就制作完毕了。

❸ 晚上,将星盘放在屋外桌子的边缘上。用指南针给方
　 位圈定位,使0°指向正北。

❹ 将方位圈固定在这个位置上。

❺ 抓住靠近你的吸管的一头,闭上一只眼睛,使另一只眼
　 睛的视线穿过吸管寻找一颗恒星。慢慢按下吸管头,
　 观看地平线上方。

❻ 让你的助手在手电筒的照射下读出量角器上由纸管上
　 的箭头指向的角度数值。然后看方位圈,确定吸管所
　 指的方向。

❼ 重复步骤5—6,寻找一个星座中(比如狮子座)中的几
　 颗恒星。

实验结果

　 选定的恒星离地平线越高,角度就越大。随着纸管的转

动,星盘就会指向地平线的不同部位。

实验揭秘

　　星盘是一种用来测量地平纬度的仪器。当地平纬度为 $0°$ 时,星盘的吸管就指向地平线。当你抬高吸管的一端观看更高纬度的恒星时,量角器就会在揿钉上旋转。随着量角器的一端向上转动,纸管上的箭头所指的角度会逐渐变大。随着纸管的转动,星盘就指向由方位圈显示的恒星的地平经度。

练习题参考答案

1. 解题思路

　　(1) 哪个星座看上去像一头狮子?

　　　狮子座。

　　(2) 哪个星座看上去像一位牧夫?

　　　牧夫座。

　　(3) 哪个星座看上去像一对双胞胎男孩?

　　　双子座。

　　(4) 哪个星座看上去像一位年轻女士?

　　　处女座。

　　答: 每个图形所代表的星座名称分别是:图 1——狮子座,图 2——牧夫座,图 3——双子座,图 4——处女座。

2. 解题思路

　　(1) 早春能看到的冬季的星座是什么?

双子座。

(2) 双子座在哪里？

在狮子座的西边。

(3) 从北斗(七)星碗体上的天权和天玑画出的一条假想线通往位置 C 处的狮子座。

(4) 朝狮子座中最明亮的恒星——轩辕十四的西北方向看,就能发现双子座。

答：在位置 D 可以找到在早春能看到的冬季的双子座。

3. 解题思路

(1) 要找到处女座,就要先找到牧夫座。

(2) 沿北斗(七)星把柄末端的一条弧线到达位置 A 处的牧夫座中的大角。

(3) 从大角继续沿着弧线达到处女座中的角宿一。

答：在位置 B 处可以找到处女星。

4. 解题思路

(1) 地平经度告诉观察者应该面朝哪个地平线。地平经度 270°是正西。

(2) 地平纬度指的是一颗恒星离开地平线有多远。在天顶,地平纬度为 90°。在地平线和天顶中间,地平纬度为 45°。

答：当北河二的地平经度为 270°,地平纬度为 50°时,只要你脸朝正西,视线略高于地平线和天顶的中间位置,就能找到双子座。

17 寻找长蛇座

知识必备

在天空的一处荒芜的地方有一片想象的海洋,在那里仿佛能够看到一头海怪,即长蛇座。春天的时候,这个虚构的怪物从东南方的低地到西南方的高地,游过南部天空。从头到尾,长蛇座占据天空周长的 1/3,成为长度最长、面积最大的星座。

长蛇座并不是春天的天空中最引人注目的星座。它

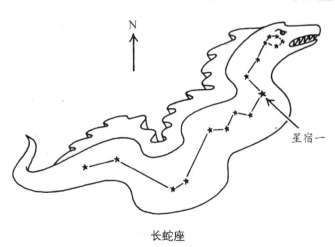

长蛇座

只有一颗明亮的恒星——星宿一,星等约为2。其他恒星的星等为3或者更大。由于没有其他明亮的恒星,星宿一的周围也几乎没有带任何光亮的星,所以它有一个外号——孤独之星。

　　春季利用星图寻找长蛇座的时候,先用北斗(七)星中的天权和天玑找到狮子座中的轩辕十四,然后继续沿假想线到达一颗明亮的恒星——长蛇座中的星宿一。位于星宿一西面、巨蟹座下面的长蛇头部在整个形状中最像海怪,因而比身

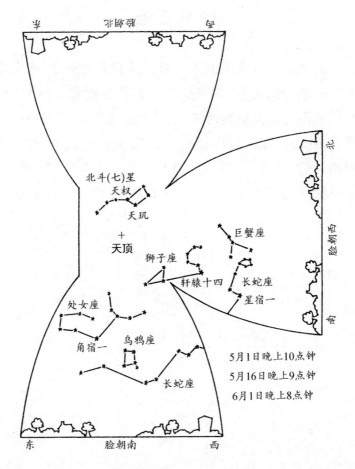

5月1日晚上10点钟
5月16日晚上9点钟
6月1日晚上8点钟

体的其他部分更容易被发现。长蛇的身体在狮子座和处女座的下面蜿蜒穿过天空。

处女座中角宿一的西面、长蛇座后半部分的较低部位，似乎驮着乌鸦座。乌鸦身体的 4 颗主要恒星很容易被看到，因为尽管它们的星等在 2.5—3，但附近没有其他明亮的恒星。乌鸦被想象成在长蛇背上啄食。

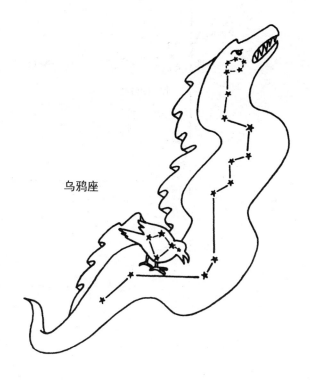

乌鸦座

思考题

仔细观察下页的图，确定 A、B、C、D 四个箭头中，哪个箭头指向长蛇座。

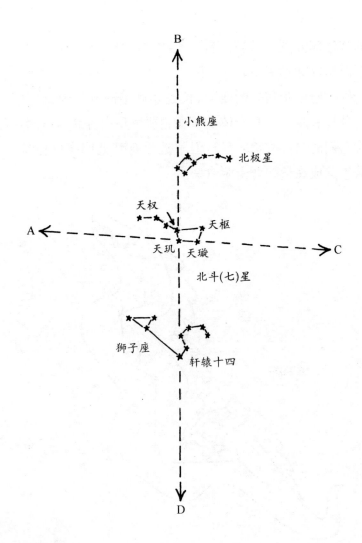

沿着北斗（七）星碗体后部的天权和天玑的假想线，穿过轩辕十四到达长蛇座的星宿一，就能找到长蛇座。

答：箭头 D 指向长蛇座。

练习题

仔细查看下图，确定 A、B、C、D 四个位置中哪个代表下面星座的位置：

1. 乌鸦座；

2. 狮子座。

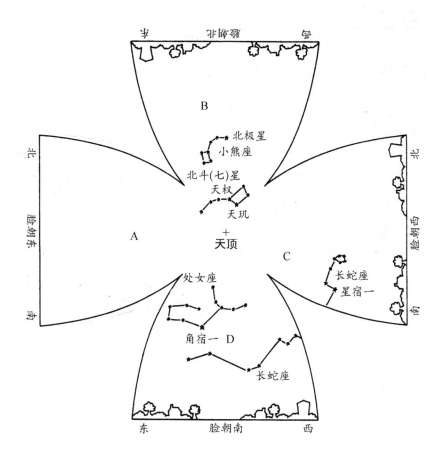

小实验 长蛇座的地平经度

在一个特定的日子和时间里确定能看到的长蛇座的地平经度。

你会用到

一个星盘(见第 16 章),一只方向罗盘仪,一卷遮蔽胶带,一把天文手电筒(见第 4 章),一支铅笔,一张纸,一名助手。

实验步骤

❶ 把星盘放在屋外桌子的边缘。

❷ 把方向罗盘仪放在方位圈的旁边。转动方位圈,使0°N指向北面,然后把方位圈固定在这个位置。

❸ 观看天空,找到长蛇座的头部。

❹ 转动星盘的纸管,将吸管指向长蛇的头部。

❺ 闭上一只眼睛,通过吸管看天空,同时转动星盘的纸管,找到长蛇头部最西边的一颗恒星。

❻ 不要移动星盘。让助手在手电筒光下阅读并记录下方位圈上的刻度。这个数字就是地平经度。

❼ 重复步骤 3—6,找到长蛇尾部最东边的一颗恒星。

❽ 将长蛇头部的地平经度减去尾部的地平经度,所得的数字就是你能看到的长蛇座的地平经度。

❾ 在其他的日子和时间里重复这个实验。

从头到尾,长蛇座的地平经度约为 120°。

长蛇座的恒星朝西横跨天空,但从地球上看,恒星间的距离并没有发生变化。因此,不管在什么时候,能看到的长蛇座的长度始终保持不变。注意:由于能见度的问题,比如受月光、灯光、云彩或地平线附近的星座的影响,并不是整个星座都能被看到。

练习题参考答案

1. 解题思路

乌鸦座在处女座的角宿一的西南面,同时也在远离长蛇座背部的尾端。

答: D是乌鸦座的位置。

2. 解题思路

狮子座在长蛇座的星宿一及北斗(七)星的天权和天玑的假想线中间。

答: C是狮子座的位置。

18 寻找夏季星空中的星座

知识必备

从6月下旬到9月初，人们很容易看到夏天的星座。夏天的星座不像春天的星座有那么多一级星等的恒星。然而，还是能看到很多星座，而且，天气也允许你用更长的时间去研究天空。

把星座称作季节性星座并不是说只能在那个季节的月份里才能看到。星座一个季节接着一个季节不停地在天空中移过。当春天的星座由东向西穿过南方的天空时，夏天的星座正从东方升起，紧随其后。一个季节开始时，比如夏季，晚春的一些星座仍然能被看到，牧夫座、北冕座就是如此，加上天龙座、天琴座、天鹅座和武仙座几个夏天的星座，它们在夏天的大部分时间就高挂在天顶附近。天鹰座在地平线附近，但它是一个特别的夏天的星座。

天琴座中的织女星，天鹅座中的天津四，天鹰座中的牵牛星，这3颗非常明亮的恒星构成了所谓的**夏季大三角**。根据星图，脸朝东方就能看到这个大三角。织女星是其中最亮的恒星，在我们头顶上方武仙座的下面就能看到织女星。朝

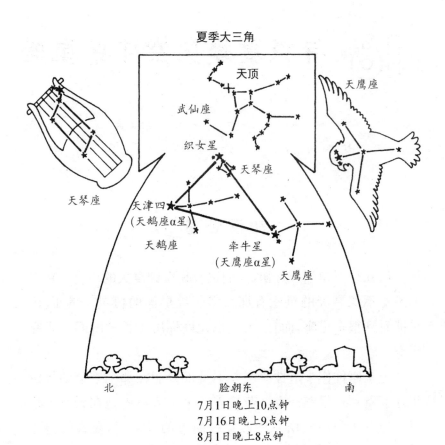

夏季大三角

天鹰座

天顶

武仙座

织女星

天琴座

天琴座

天津四
(天鹅座α星)

天鹅座

牵牛星
(天鹰座α星)

天鹰座

北　　　　　脸朝东　　　　南

7月1日晚上10点钟
7月16日晚上9点钟
8月1日晚上8点钟

东北方向的地平线画一条假想线就能找到天津四。返回织女星,沿一条朝东南方向的地平线的假想线就能找到牵牛星。一旦找到这3颗星,你就能想象出它们之间的连线所构成的夏季大三角。

除蛇夫座外,所有夏天的黄道星座都能在地平线附近被看到。根据星图,脸朝南,就能发现这些星座。武仙座的下面是蛇夫座,南边的地平线附近是天秤座、天蝎座和人马座,西边的地平线附近是狮子座和处女座,但这两颗星并不是整个夏天都能在地平线上方被看到的。摩羯座在东边的地平线附近,宝瓶座则高挂在东边的地平线上方。

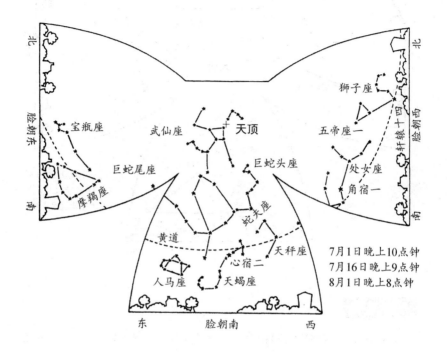

7月1日晚上10点钟
7月16日晚上9点钟
8月1日晚上8点钟

思考题

仔细观察下页的星图,结合本章中先前的星图,确定 A、B、C 这 3 个三角形中哪个代表如下页图中所示的特定时间中的夏季大三角的位置。

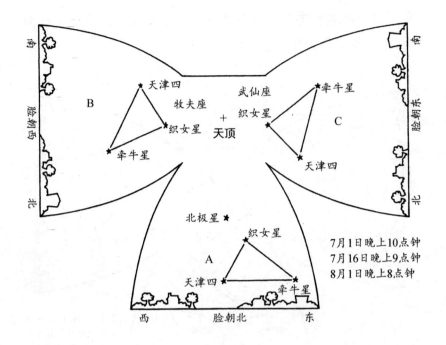

解题思路

(1) 将3颗明亮的恒星——织女星、天津四和牵牛星连接起来,就构成夏季大三角。

(2) 织女星在天顶附近,在武仙座的东边。

(3) 星图上,构成夏季大三角的恒星在东边的天空中。

答: C代表在初夏时夏季大三角的位置。

练 习 题

仔细观察下页的图,选出在夏季大三角中有一颗恒星的星座。

贯索四

北冕座

织女星

天琴座

帝座

武仙座

小实验 折射望远镜

实验目的

了解折射望远镜的聚焦原理。

你会用到

一张打印纸,一把放大镜。

实验步骤

❶ 在一个黑暗的房间里,尽可能远地站离窗户,而且背对

着窗户。

❷ 用一只手拿着纸张。

❸ 另一只手拿着放大镜，放大镜靠近但不会碰到纸张。

❹ 将放大镜在纸张前移动，忽近忽远，直到在纸张上看到
一个清晰的图像。

实验结果

窗户和外面物体的颠倒的小图像会投射在纸张上。

实验揭秘

夏季的星座或其他季节的星座中的许多恒星，人们很难
用肉眼看到。望远镜可以使它们看得更清楚。本实验中所

用的放大镜是凸透镜。折射望远镜（有两个镜片的望远镜，一个是物镜，另一个是目镜）大的一端上的物镜是凸透镜。凸透镜透明，而且有弧度，中间比边缘厚。穿过凸透镜的光线被折射到一个焦点。实验中，在放大镜的作用下，窗外物体的图像出现在穿过焦点的纸上。但是就折射望远镜而言，由于光线来自那么遥远的距离，图像就出现在焦点上。图像都比看到的物体小，而且是颠倒的。望远镜还有第二个凸透镜，即目镜（最接近眼睛的镜头），它能将物镜产生的图像放大。

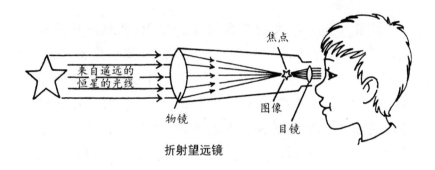

折射望远镜

练习题参考答案

解题思路

哪些恒星构成了夏季大三角？

天琴座中的织女星，天鹅座中的天津四和天鹰座中的牵牛星。

答：天琴座，即星座 B，在夏季大三角中有一颗恒星。

19 寻找武仙座

知识必备

　　武仙座是一个大的夏季星座。夏天,武仙座中的恒星能被看到,但显得暗淡模糊。在想象中,武仙跪着右腿,一只手握着一根棍棒,另一只手拿着一副弓箭。尤其特别的是,人们想象中的那位无畏的士兵,倒立着跨过南边的天空。最低的恒星是武仙头部的帝座,帝座上面是一个被称作拱石的四边图形,这个星群的四角上的 4 颗星代表武仙的下部身体。

　　借助星图,寻找武仙座的一个办法是脸朝西,在头顶上找到牧夫座中的恒星大角。随一条假想线向东穿过北冕座,到达构成跪着的士兵图形的几颗暗淡的恒星处。寻找形成武仙下部身体的拱石的 4 颗恒星。形成他双臂的恒星向南面的地平线延伸,形成双腿的向北延伸。

　　寻找武仙座的另一个办法是找到在天顶附近的天龙座的头。武仙的左脚似乎踩在天龙的头上,他的脸朝东,向着夏季大三角中的天鹰座。

　　武仙座最显著的特点是那颗红色的超大之星——帝座和

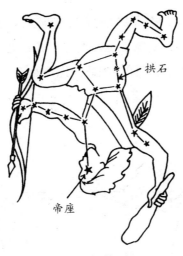

武仙座

2颗壮观的球状星团（由数万颗甚至上百万颗恒星组成的星
团）。这2颗球状星团被叫做M13和M92。帝座是一颗变星。
该星的星等为3—4，2个星等之间的变化需要90—100天，变
化很慢，但凭肉眼就能观察到。帝座是一颗很大的恒星，直径
是太阳的几百倍。在天空中，它看上去并不大，因为它跟地球
之间的距离为220光年。跟太阳相比，帝座的表面温度在
3 000℃之下，而太阳的温度是它的2倍。

　　在星图上，在拱石西边的2颗恒星之间，是一片模糊不
清的光，那是球状星云M13，它是天球赤道以北最明亮的球
状星云，只有在晴好无月光的晚上才能用肉眼看到它。
1715年，英国天文学家埃德蒙·哈雷（1656—1742）第一次
观察到了这个星云，将它描写成一个"小布丁"。后来，英国
天文学家威廉·赫歇耳（1738—1822）估计M13包含大约
14 000颗恒星。随着研究星云更精密仪器的问世，现代的
天文学家们认为M13包含的恒星数接近500 000。和所有

的球状星云一样，M13 离地球非常遥远，约为 23 000 光年。球状星云 M92 离地球更远，为 37 000 光年。M92 位于拱石的北面，在武仙双膝的中间。用肉眼看 M92，视力一定要极好，但在望远镜中，除了有更大量的变星外，M92 跟 M13 很相似。

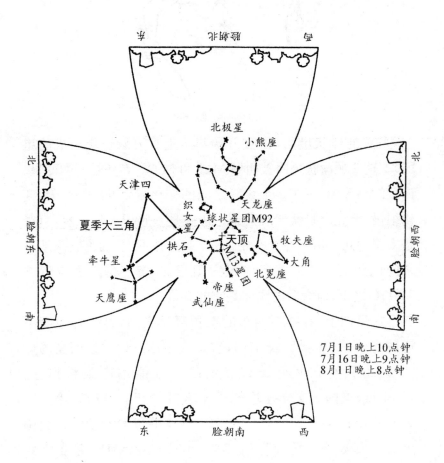

7月1日晚上10点钟
7月16日晚上9点钟
8月1日晚上8点钟

思考题

　　仔细观察下图，在 A、B、C 中选择一个当你脸朝南时代表武仙座在夏天时的位置。

解题思路

（1）图 A 中的男孩是站立的。武仙座跪在天空中，如图 B、图 C。

（2）夏天的时候，武仙座是颠倒的。

答：图 C 代表武仙座夏天时的位置。

练习题

仔细观察下图,回答下列问题:

1. A、B、C、D、E 五个位置中,哪个是帝座?

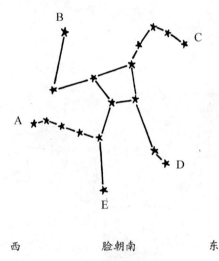

西　　　　　脸朝南　　　　东

2. 在 A、B、C、D、E 中,哪个是离天龙座头部最近的那颗
　 星的位置?

小实验　大镜头

如何使星星看得更清楚。

2 张打印纸,一卷透明胶,一把直尺,一只量杯,2 杯大米,

2 只大碗，一名助手。

❶ 将每张纸卷成空心的圆锥形卷筒并用透明胶固定住，
   使其中一个卷筒的开口处的直径为 2.5 厘米，另一个
   开口的直径为 15 厘米。

❷ 将一杯大米装在一只大碗中。

❸ 将那只空碗放在屋外的空地上（草地更好）。

❹ 让助手拿住那个小卷筒，开口朝上，卷筒下面是只空碗。

❺ 将装有大米的碗举在卷筒开口上方约 1 米的地方，然
   后将大米倒进卷筒。

❻ 用量杯测量落入卷筒中的大米的数量。

❼ 用大卷筒重复步骤 2—6 的操作。

实验结果

大卷筒能接住更多的大米。

实验揭秘

　　用来研究星座的折射望远镜有一个大镜头和一个小镜头。指向天空的大镜头有一个物镜,采集大量的光线,就像大的卷筒收集大量的米一样。小镜头有一个目镜,能放大物镜接收到的恒星图像。更大的物镜采集更多的光线,因而看到的恒星图像更明亮。

练习题参考答案

1. 解题思路

　　(1) 武仙在天空中的姿势是颠倒的。哪颗恒星最低?
　　D 和 E。
　　(2) 他的右臂朝西,头朝东。恒星 D 或 E,哪个朝东?
　　答:E 是帝座的位置。

2. 解题思路

　　(1) 武仙的左脚似乎踩在天龙的头上。
　　(2) 如果位置 D 表示武仙的右臂,那么哪颗恒星表示他的左脚?
　　答:B 是离龙头最近的那颗星的位置。

 # 寻找秋季星空中的星座

知识必备

秋季星空中的星座是指那些从 9 月下旬到 12 月初最容易被看到的星座。其中有些是仙后座、仙王座、天马座、仙女座和英仙座。秋季星空中的星座相互重叠,虽然不像春季和夏季星空中的星座那样清晰,仍然不乏有趣的星星形状。

在秋季头顶的高空中,可以看到 4 颗构成四边形的恒星。像夏季高空中的夏季大三角一样,"秋季四边形"是秋季的天空中引人瞩目的景象,说它是颗钻石更为确切。四边的几何图形也许会让一些现代的天空观察者们把它看成是一颗棒球钻石。跟夏季大三角一样,**秋季四边形**是几颗恒星的组合,其中室宿二、室宿一和壁宿一属于天马座,第四颗星——壁宿二则在仙女座中。

利用星图找到秋季四边形,首先要找到仙后座和仙王座,秋季时它们高挂在北边的天空中,非常醒目。可以利用 2 颗星——仙后座的王良一和仙王座的少卫增八——找到秋季四边形中的壁宿二。随着少卫增八开始的假想线,穿过王良一,

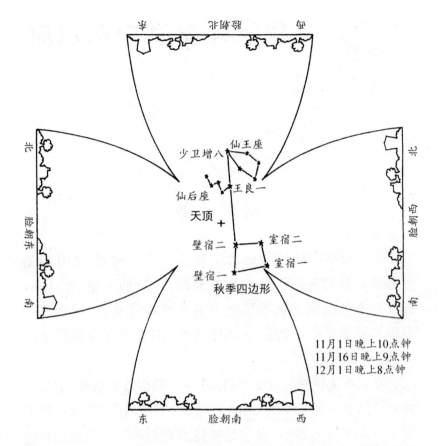

11月1日晚上10点钟
11月16日晚上9点钟
12月1日晚上8点钟

越过天顶,到达壁宿二(脸朝南、仰卧躺着比脸朝北、站在那里寻找更舒服)。从壁宿二开始,分别朝西、西南和东南方向看去,找到室宿二、室宿一和壁宿一这 3 颗构成秋季四边形的恒星。

　　天马座和仙女座的特点是它们倒挂在秋季的天空中。天马座的前腿从室宿二处向西伸去,脖子和头从室宿一处向西南伸去,左翼从东南边的壁宿一处伸出。遮住马后腿的是一个姑娘的身体,即仙女座,她的头在壁宿二处,双腿

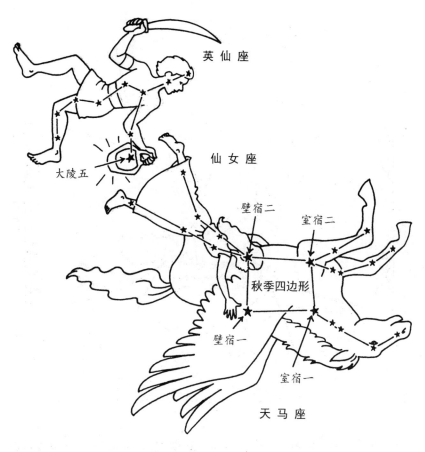

英仙座

仙女座

大陵五

壁宿二

室宿二

秋季四边形

壁宿一

室宿一

天马座

向东北方向伸去。根据希腊神话,安德洛墨达(仙女座)被英雄珀尔修斯(英仙座)派去的有双翼的天马珀加索斯所救,因此,她看上去正紧紧地抱住天马。珀尔修斯站在安德洛墨达的脚的后面。英仙座中那颗闪烁的恒星——大陵五被一些人想象为拎在英雄手中的一颗头颅上眨巴着的眼睛,但也有可能是珀尔修斯用来照亮安德洛墨达的一盏闪亮的灯笼。

　　秋季星空中的其他星座有鲸鱼座、双鱼座、宝瓶座和白羊

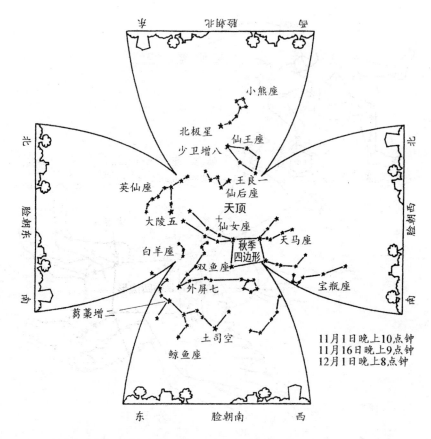

小熊座

北极星

少卫增八

仙王座

英仙座

王良一
仙后座

大陵五

天顶

仙女座

白羊座

秋季
四边形

天马座

双鱼座

宝瓶座

外屏七

蒭藁增二

土司空

鲸鱼座

11月1日晚上10点钟
11月16日晚上9点钟
12月1日晚上8点钟

北

脸朝东

南

北

脸朝西

南

东   脸朝南   西

座。使用星图寻找这些星座时,先要找到双鱼座。双鱼座被想象成2根钓鱼线,每根线上挂着一条鱼。其中一条鱼是在秋季四边形正南面的一群恒星,把2根鱼线打结在一起的是双鱼座中的外屏七。外屏七的东南边是鲸鱼座中的蒭藁增二,这是一颗变星,星等的变化范围是2—10,大约需要332天完成。蒭藁增二在土司空的东北面,而土司空是鲸鱼座中最明亮的星。将视线回到双鱼座,朝西能看到宝瓶座,朝东能看到白羊座。

178

思考题

仔细观察 11 月 1 日晚上 10 点钟时的星图,在 A、B、C、D 中选择秋季四边形的正确位置。

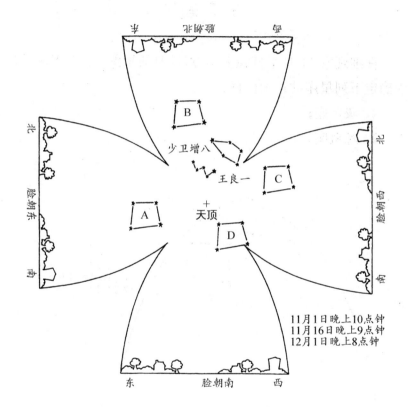

解题思路

(1) 房屋形状的星座是仙王座。

(2) W 形状的星座是仙后座。

（3）从仙王座屋顶的少卫增八处画出一条假想线，穿过仙后座最西边的王良一，就能到达秋季四边形。

答：D是秋季四边形的正确位置。

练习题

仔细观察 11 月 1 日晚上 10 点钟时的星图，在 A、B、C、D 中确定下列星座的正确位置。

1. 双鱼座；

2. 鲸鱼座。

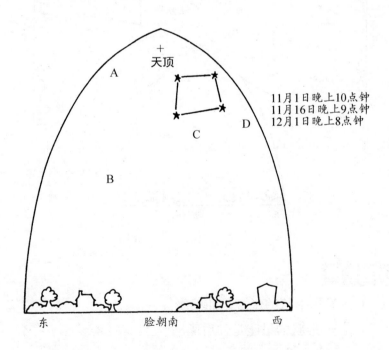

小实验　制作天象仪

实验目的

制作天象仪。

你会用到

一只大的有盖子的鞋盒,一把剪刀,一把直尺,一把手电筒,一张黑色的美术纸,一卷遮蔽胶带,一张描图透明纸,一支记号笔,一把制图圆规。

实验步骤

❶ 揭下鞋盒盖,在鞋盒一端的中间挖一个7.5×10(厘米)大小的口。

❷ 在鞋盒的另一端,挖一个能放进一把手电筒的圆圈。

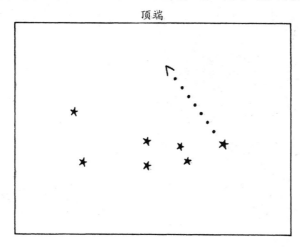

顶端

181

❸ 用一张大小合适的黑色美术纸遮住方形口，并用胶带固定住。

❹ 将描图透明纸盖在上图中所示的星模上，并且映描星模和构成表示北面方向的箭头的点。

❺ 将描图透明纸映描过的一面朝下盖在遮住方形口的黑纸上。

❻ 用圆规的尖端在每颗星和每个点上戳一个洞，点上的洞要小一些，而且每个洞都要穿透描图透明纸和黑纸。

❼ 取走描图透明纸。

❽ 将一张 2.5 厘米见方的胶纸贴在一堵空白的墙壁上，高度和你的视线持平。这张胶纸代表北极星。

❾ 将盒盖盖在鞋盒上，把鞋盒放在靠近墙壁的桌子上，使有星图的一端对着墙壁。

❿ 将手电筒插入鞋盒的圆洞中。

⓫ 打开手电筒，关掉房内的灯。

⓬ 前后调节鞋盒和墙壁之间的距离，直到墙上出现清晰的小光点。如果墙上的点太小，可以把黑纸上的洞弄大一些。

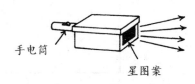

手电筒

星图案

⓭ 转动鞋盒,使表示北方的箭头指向那张胶纸,即北极星。

纸上的洞的图案会被放大并且投射到墙壁上。

实验揭秘

穿透洞的光线散发出去,在墙上形成几个较大的光圈。投射在墙上的星星的顺序和位置跟天空中所看到的一样。那是仙女座的图案。

练习题参考答案

1. 解题思路

(1) 双鱼座中的一条鱼在秋季四边形的正南方。

(2) 哪个位置在秋季四边形的正南方?

答:C是双鱼座的正确位置。

2. 解题思路

(1) 鲸鱼座在秋季四边形的东南面,又在双鱼座的下面。

(2) 哪个位置在秋季四边形的东南面又在位置C上的双鱼座的下面?

答:B是鲸鱼座的正确位置。

21 探测英仙座

知识必备

珀尔修斯(英仙座)是一位英雄,他派有双翼的天马——珀加索斯(天马座)去救安德洛墨达(仙女座)这位处在困境中的少女。构成这位英雄的恒星位于少女的双脚旁。想找到英仙座,请对照星图,脸朝北,在北部天空的天顶附近找到颠倒的 W 形状的仙后座,随一条假想线向东(你的右边)到达英仙座。沿着这条路径的是个双星团,包含肉眼能看到的 2 个星团,从望远镜中看,星团非常漂亮。脸朝东,抬头看天顶,就能看到仙女座,和高挂在西南天空中的天马座形成秋季四边形。

英仙座没有星等为 1 的恒星,但它最亮的星——天船三的星等为 1.8。英仙座中另一颗值得关注的星是大陵五。这位英雄左手中的这颗星的亮度每 3 天变化一次。用肉眼看,大陵五看上去像一颗星,但实际上它是 2 颗星星,相互间的引力使它们聚在一起,并围绕公共质量中心旋转。这 2 颗星被命名为大陵五 A 和大陵五 B。这种星叫食双星,意思是其中一颗星会阶段性地移到另外一颗星的前面,部分或全部挡住它的光亮。

　食双星中较亮的那颗星叫主星,较暗淡的那颗叫辅星。大陵五 A 是主星,大陵五 B 是辅星。当 2 颗星分开又相互遮住时,它们光亮的合并就使得双星似乎在"眨眼",此时它最亮时的星等是 2.2,最暗时的星等是 3.5。当大陵五 B 遮住大陵五 A 时,虽然星等仅为 3.5,但人们肉眼也能观察到。

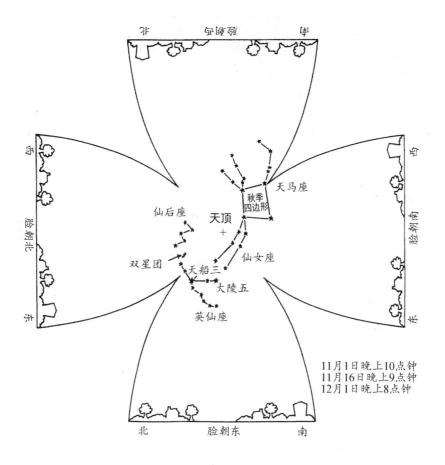

11月1日晚上10点钟
11月16日晚上9点钟
12月1日晚上8点钟

双星团

天船三

大陵五

英 仙 座

思考题

仔细观察下页的星图,在 A、B、C 中确定哪个是英仙座附近的双星团的正确位置。

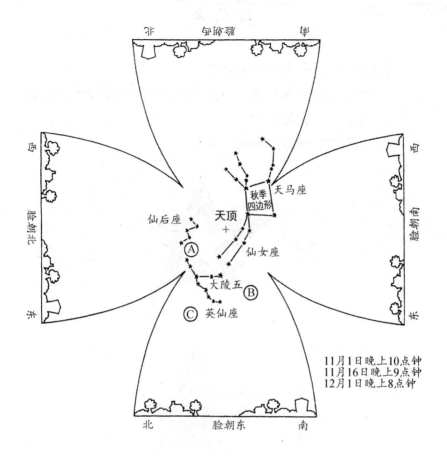

北　脸朝西　南

西　脸朝北　东

西　脸朝南　东

秋季四边形

天马座

仙后座

天顶 +

仙女座

Ⓐ

大陵五　Ⓑ

Ⓒ　英仙座

11月1日晚上10点钟
11月16日晚上9点钟
12月1日晚上8点钟

北　脸朝东　南

解题思路

　　双星团位于仙后座和英仙座之间的假想线上。

　　答：A 是双星团的正确位置。

练习题

仔细观察下图,回答下列问题:

1. 如果较淡的颜色表示较亮的光,哪个位置表明大陵五 A 遮住了大陵五 B?

2. 哪个位置导致最暗的星等?

位置1

位置2

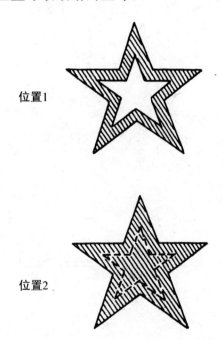

小实验　食双星的亮度变化

实验目的

显示食双星的亮度为何会变化。

　　一把制图圆规，一张打印纸，2 支铅笔，一把剪刀，一卷透明胶。

实验步骤

❶ 用圆规在打印纸上分别画一个直径为 5 厘米的圆和一个直径为 10 厘米的圆。

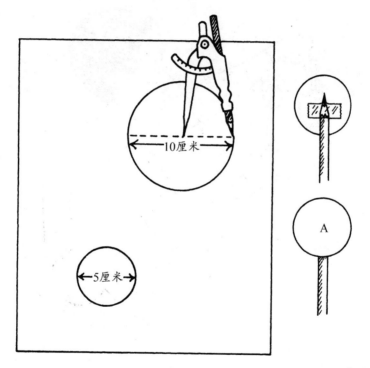

❷ 用铅笔将大圆涂黑。

❸ 在小圆上写 A，大圆上写 B。

❹ 剪下两个圆。

❺ 在每支削尖的铅笔头上贴上一个圆。

⑥ 竖着握住贴有 A 的铅笔,使铅笔和你的脸相隔 15—20
厘米的距离。

⑦ 将贴有 B 的铅笔倒放在贴有 A 的铅笔的后面,两者相
隔大约 10 厘米。

⑧ 观察每个圆的完整度。

⑨ 让 B 先围绕 A 转动,然后在 A 的前面移动。

⑩ 观察每个圆在运动中的完整度。

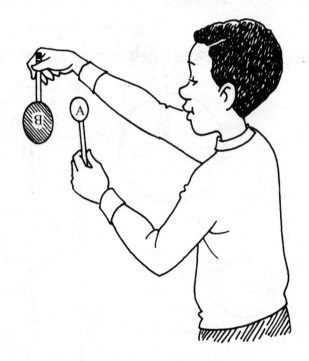

实验结果

当 B 在 A 的后面时,整个 A 和部分 B 能被看到。当 B 转
动时,2 个圆只能在短时间内被看到,接着 B 遮住了 A。

2个圆分别代表大陵五 A 和大陵五 B。大陵五 A 比大陵五 B 小但更明亮。2 颗恒星处在这样的位置,因此从地球上看,2 颗星相互遮掩。它们围绕公共质量中心旋转,但只能看到大陵五 B 的轨迹。将 B 移到 A 的后面,代表大陵五 B 被大陵五 A 遮挡住,结果,白纸所代表的那颗较亮的星在前面。亮星的所有光亮和暗星的部分光亮能被看到。当 2 颗星分开时,它们的光亮都能被看到,因而产生最亮的星等——2.2。当大陵五 A 被大陵五 B 遮盖住(A 在 B 的后面)时,导致最暗的星等——3.5,亮度变暗,是因为较大较暗的大陵五 B 挡住了大陵五 A 的光。

练习题参考答案

1. 解题思路

(1) 大陵五 A 是主星,是双星中较亮的一颗。

(2) 图中较小较亮的星是大陵五 A。

(3) "食"的意思是一颗星在另一颗星的前面,并挡住了这颗星的光亮。

(4) 哪幅图显示了挡在前面的最亮的星?

答:位置 1 表明大陵五 A 遮住大陵五 B。

2. 解题思路

(1) 大陵五 B 比大陵五 A 更大更暗。

(2) 当大陵五 B 遮住大陵五 A 时,只能看到很小的光亮。

答:当大陵五 B 在位置 2 时导致了最暗的星等。

寻找冬季星空中的星座

知识必备

冬季星空中的星座从 12 月下旬到 3 月初最容易被看到。和其他季节相比,在冬季能看到更壮观的星座。这些星座聚集在一起,但其中也有一些最亮的星座最容易被发现。冬季里一级星等的恒星数量仅在春季之后,居第二位。这一季节中,六大著名的星座是:御夫座,双子座,小犬座,大犬座,猎户座和金牛座。它们都有一个或更多的一级和(或)二级星等的恒星。

夏季的天空中有夏季大三角,秋季的天空中有秋季四边形,冬季的天空中有**冬季大椭圆**。这个弧形图案由 7 颗著名的恒星之间的弧形连线形成:五车二(御夫座中最亮的一颗星),北河二(双子座 α 星),北河三(双子座 β 星),南河三(小犬座 α 星),天狼星,参宿七(猎户座 β 星)和毕宿五(金牛座 α 星)。

根据下页所示的星图,脸朝东,在天顶附近寻找御夫座中的五车二,你就能找到冬季大椭圆。随一条弧线,往东南方向穿过双子座中的北河二和北河三,到达小犬座中的南河三,再往南到达东南方接近地平线的大犬座中的天狼星。脸朝南,

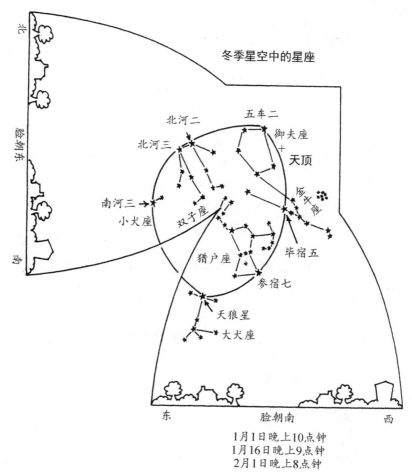

冬季星空中的星座

北

脸朝东

南

北河二

五车二

北河三

御夫座

天顶

南河三

小犬座

双子座

昴牛座

猎户座

毕宿五

参宿七

天狼星

大犬座

东 脸朝南 西

1月1日晚上10点钟
1月16日晚上9点钟
2月1日晚上8点钟

看西北方向能看到猎户座中的参宿七和金牛座中的毕宿五，转身看北边，就能看到五车二。

思考题

仔细观察1月1日晚上10点钟的冬季星座的星图（见上图），同时观察下列代表一个冬季星座的想象图，然后回答

问题:

1. 下图显示的是什么星座?

2. 在下图中,问题 1 中的图形是否在围绕天顶的 A、B、C、D 四个位置当中?

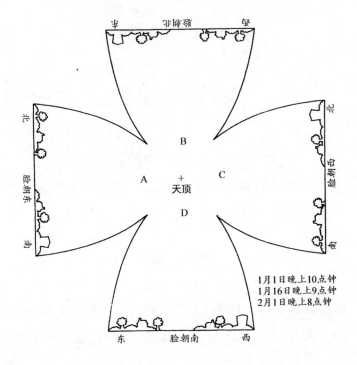

1月1日晚上10点钟
1月16日晚上9点钟
2月1日晚上8点钟

1. 解题思路

（1）图形显示的是一头向前冲的牛。

（2）哪个星座代表一头牛？

答： 该显示的是金牛座。

2. 解题思路

根据显示的日期，金牛座在天顶附近的南边天空中。

答： D是金牛座的位置。

练习题

将下列星座图形中的恒星和前面所显示的冬季星座星图中的恒星作一比较，然后回答问题：

1. 1月1日晚上10点钟时，图形A的位置在哪里？

2. 哪个图形代表小犬座？

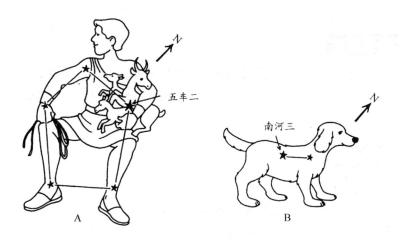

A

B

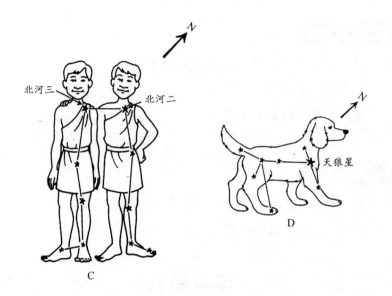

北河三

北河二

N

天狼星

N

C

D

小实验　闪烁的星星

模仿闪烁的星星。

你会用到

一只容量为 2 升的玻璃碗,一些自来水,一面放在碗底的小镜子,一把手电筒。

实验步骤

❶ 盛上 3/4 碗的水。

❷ 将小镜子放在盛有水的碗底,镜面朝上。

❸ 打开手电筒,关掉房内的灯。

❹ 将手电筒举在碗的上方约 15 厘米的地方,并且和碗构成一个角度。根据需要移动手电筒的位置,使镜子的反光能照在附近的墙壁上。

❺ 观察反射到墙壁上的光的运动。

水

镜子

❻ 用手指轻轻拍打水面。

❼ 再次观察反射到墙壁上的光的运动。

实验结果

静水中的镜子反射出的光几乎不动。通过晃动的水面反射出的光则会在墙壁上闪动。

实验揭秘

反射光离开水面时会被折射。水的不同深度导致反光照射在墙壁不同的地方。水的上下运动会导致水的深度发生变化,因而使反光闪动。光会受到材料厚度的影响,它可以是材料的深度,或者是组成这个材料的分子的密度。

对地球上的观察者而言,来自遥远恒星的光似乎也在闪烁,因为光在穿过地球大气层时,由于空气密度不同,会产生不同的折射。由于空气在不停地运动,它的密度就有所不同。暖空气会上升和膨胀,冷空气会下沉和收缩。暖空气的密度比冷空气的密度小。被折射的光的方向的改变使得恒星的亮度似乎也发生了变化,或者看上去在闪烁。

所有的恒星都会闪烁,有些闪烁的程度还会大一些。除了太阳,大犬座中的天狼星是天空中最明亮的恒星,它比其他的恒星闪烁得更厉害。地平线附近的恒星比高空中的恒星也闪烁得更厉害。

练习题参考答案

1. 解题思路

(1) 图 A 中五角形的星座是什么星座?

御夫座。

(2) 1 月 1 日晚上 10 点钟时,御夫座在星图的什么位置?

答:脸朝东,图 A 即御夫座,位于天顶的附近。

2. 解题思路

(1) 小犬座就是"小狗"。

(2) 哪个图形代表狗? B 和 D。

(3) 小犬座中的那颗恒星是南河三。

答:图形 B 是小犬座。

23 确定冬季星座中的星型

知识必备

和其他季节的星座一样，冬季星座中的恒星的颜色各不相同。冬季的星座比其他季节的星座有更多明亮的恒星。冬季晴好无云的夜空繁星闪烁，像嵌满无数的宝石一样，使在寒风中哆嗦的观星者们兴奋不已。尽管所有的恒星都有颜色，但在肉眼看来，大多数都是白色，那是因为大多数恒星的色度不高，人的眼睛对它们不敏感。然而，你能看到一级星等或较亮恒星的颜色。用望远镜看，恒星发出的光的颜色，如红色、橙色、黄色、白色和蓝白色更为引人注目。

所有能被看到的恒星的成分大体都是相似的，主要由氢气和氦气组成。既然它们的成分大体相同，颜色的不同则是由它们表面不同的温度造成的。任何物体达到一定热量时就会发光。当炽热的物体烫得不能触碰时，对光的颜色为白热的物体而言，它是冷的。蓝热比白热的温度还要高。

除望远镜外，天文学家最重要的仪器是分光镜，它能将星光分成一组颜色——光谱。恒星的光谱因温度而不同。热的恒星的光谱不同于较冷的恒星的光谱。

根据它们不同的光谱,恒星被分成不同的光谱型,共有 7 种类型,每种类型由一个字母表示。按照不同的温度,从高到低的字母顺序为 OBAFGKM。美国著名的助记方法是用这样的一句话:Oh,Be A Fine Girl（Guy）,Kiss Me（噢,做个好孩子,吻我吧）。

　　下表中所列的是恒星的光谱型以及每一类型的大体温度范围和基本颜色。记住,不同的温度有不同的颜色。较热的温度产生的是蓝白色的星光,较冷的温度则产生红色的星光。

恒星的光谱型

类　型	温度(℃)	颜　色
O	30 000	蓝色
B	10 000—30 000	蓝色
A	7 500—10 000	蓝白色
F	6 000—7 500	白色
G	4 500—6 000	黄色
K	3 500—4 500	橙色
M	2 500—3 500	橘红色

思考题

根据光谱型表和下页的双子座图回答下列问题:

1. 标号的恒星中有几颗是黄色的?

2. 哪些星最冷?

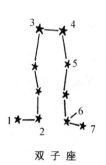

图例

恒星	光谱型
1. 井宿四	F
2. 井宿三	A
3. 北河三	K
4. 北河二	A
5. 井宿五	G
6. 井宿一	M
7. 司怪二	M

双子座

1. 解题思路

（1）哪个光谱型是黄色的？

G。

（2）哪些星是光谱型 G 的？

只有一颗星——井宿五是光谱型 G 的。

答：双子座中只有一颗星是黄色的。

2. 解题思路

（1）哪个光谱型最冷？

M。

（2）M 光谱型的星有哪些？

答：司怪二和井宿一是双子座中最冷的 2 颗星。

练习题

根据光谱型表和冬天环图回答问题。

1. 有多少恒星的温度超过 7 500℃？

2. 在冬季大椭圆中,哪个星座有最热的恒星？

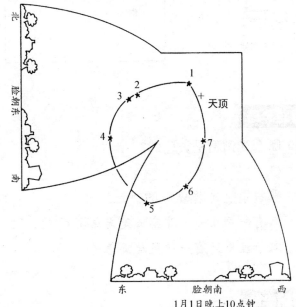

1月1日晚上10点钟
1月16日晚上9点钟
2月1日晚上8点钟

图例		
恒星	星座	光谱型
1.五车二	御夫座	G
2.北河二	双子座	A
3.北河三	双子座	K
4.南河三	小犬座	F
5.天狼星	大犬座	A
6.参宿七	猎户座	B
7.毕宿五	金牛座	K

小实验　分光镜

实验目的

模仿天文学家研究光谱。

你会用到

一张光盘。

实验步骤

注意：不要直视太阳，以免伤害眼睛。

❶ 将光盘拿在手中,让从窗户中射入的阳光照在光盘的闪光面上。

❷ 将光盘前后晃动数次。

❸ 观察光盘的色彩图案。

你能看到光盘上有一组颜色。

光盘就像一个分光镜,能将看到的光分成一个光谱。光盘上的色彩看上去就是一个连续光谱,也就是说它的颜色按着连续的顺序排列:赤、橙、黄、绿、青、蓝、紫。在更精密的仪器下,比如分光镜,太阳的光谱看上去就是一个**暗线光谱**(一个和暗线交叉的连续光谱)。暗线的分布给了天文学家提示,有助于他们发现组成太阳或任何通过分光镜能观察到的恒星的元素。

练习题参考答案

1. 解题思路

(1) 哪些光谱型的温度高于 7 500℃?

O、B 和 A。

(2) 在所示的冬季大椭圆中,哪些恒星是光谱型 O、B 或 A 的?

在所示的冬季大椭圆中没有光谱型是 O 的恒星。参

204

宿七是光谱型 B,北河二和天狼星是光谱型 A。

答:在所示的冬季大椭圆中有 3 颗恒星的温度超过 7 500℃:参宿七、北河二和天狼星。

2. 解题思路

(1) 光谱型 O 是最热的。在所示的光谱型中有 O 型的恒星吗?

没有。

(2) 光谱型 B 是第二热的。在所示的光谱型中有 B 型的恒星吗?

有,参宿七。

(3) 参宿七在什么星座中?

答:在冬季大椭圆中,猎户座有最热的恒星。

 **寻找猎户座**

知识必备

　　猎户座是冬季的星空中最壮丽显眼的星座。3颗亮度相等、排成一线的恒星形成了猎户的腰带。最东面的是猎户身体右边的参宿一,中间是参宿二,最西面的是猎户身体左边的参宿三。一片马头状的黑色星云——因而被称为马头星云——在图上没有显示,但它位于参宿一的附近。

　　挂在猎户缀满星星的腰带上的是几颗形成一把剑的暗淡的恒星。刀身中间偏下有一片模糊的地方,那是猎户星云。通过望远镜,可以看到在这个发射星云中构成猎户座四边形区的4颗闪闪发光的恒星。腰带下面是构成猎户左右膝盖的恒星,参宿六是右膝盖,参宿七是左膝盖。参宿七是天空中最亮的恒星之一。

　　东边,在猎户的右肩膀上,是红色的恒星参宿四(猎户座 α 星),它也是天空中最亮的恒星之一,因此很容易被找到。西边,在猎户的左肩膀上,是恒星参宿五(猎户座 γ 星)。他的头顶以及双肩之间是3颗暗淡的星,构成了他的头部和脖子。

　　在人们的想象中,猎户的右手高举着一根棍棒,左手拿着

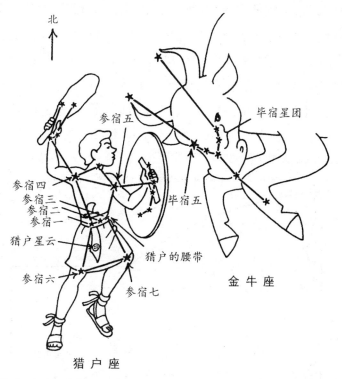

北

参宿五

参宿四
参宿三
参宿二
参宿一

猎户星云

参宿六

参宿七

猎户的腰带

毕宿星团

毕宿五

金牛座

猎户座

盾牌，抵挡金牛的进攻。金牛的一只眼睛就是明亮的橙色恒星毕宿五。

　　根据星图，脸朝南，在南地平线和天顶的中间找到形成猎户腰带的 3 颗星。腰带上方偏西方向的是参宿五，从这里画一条朝西北方向的假想线指向金牛座中的毕宿五。毕宿五的西边是**毕宿星团**——一个由大约 200 颗恒星组成的疏散星团（最多时包含几千颗恒星、有时又不到 20 颗恒星的零散星团）。肉眼就能看到其中一些最亮的恒星，比如构成 V 字形牛脸的星（毕宿五不属于毕宿星团）。

　　传说猎户是在分散金牛对一群姑娘的注意力，她们在金牛的西北面，叫昴宿星团。昴宿星团是最著名的疏散星团之一。这个闪耀的星团属于金牛座。从猎户座中的参宿五处继续画一条假想线,穿过金牛座中的毕宿五,就能找到昴宿星团。从晴好的夜空中,视力正常的人通常都能辨认出这个星座中的 7 颗分散的恒星,因而它们又被称做七仙女。据说,印第安人在测试士兵的视力时,就是看他能数出多少颗昴宿星团中的恒星,而星团中恒星的实际数目大约为400 颗。

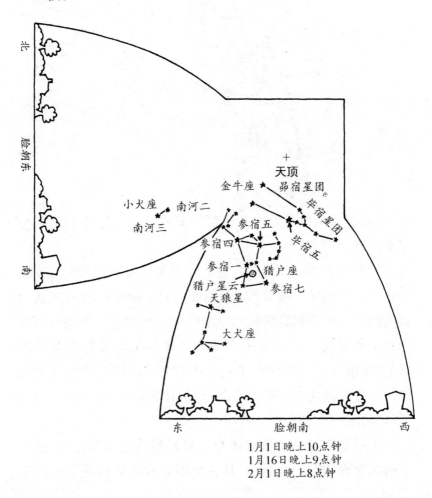

1月1日晚上10点钟
1月16日晚上9点钟
2月1日晚上8点钟

作为一个猎人,猎户有 2 条猎狗:大狗——大犬座和小狗——小犬座。沿猎户腰带旁的一根假想线,朝东南方向到达大犬座中的天狼星,就能找到大犬座。天狼星是天空中最亮的恒星(星等为 - 1.5),通常被称做犬星。你可以把这颗星想象为狗的颈圈上的一颗宝石。

天狼星的东北面是小犬座。在最佳境况下,这个星座中通常只有 2 颗星能被看到:星等为 0.4 的南河三,星等为 2.9 的南河二。

思考题

仔细观察星座图,在 A、B、C、D 中选择一个由星 1、星 2、星 3 表示的代表猎户身体或衣服的示意图。

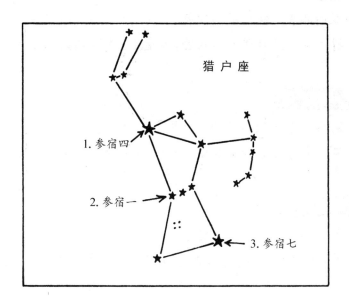

猎户座

1. 参宿四

2. 参宿一

3. 参宿七

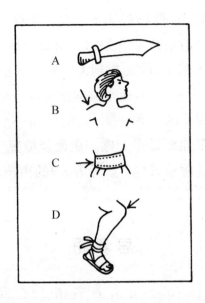

参宿四表示猎户的右肩膀。

答：示意图 B 代表右肩膀，由星 1——参宿四表示。

参宿一表示猎户的部分腰带。

答：示意图 C 代表腰带，由星 2——参宿一表示。

参宿七表示猎户的左膝盖。

答：示意图 D 代表左膝盖，由星 3——参宿七表示。

练习题

仔细观察 1 月 1 日晚上 10 点钟的星图和代表猎户座附近星座的 A、B 两个图形，然后回答下列问题：

1. 每个图形代表什么星座？

2. 在星图上的 1、2、3 三个位置中，图形 B 在哪个位置？

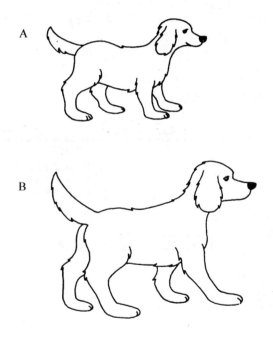

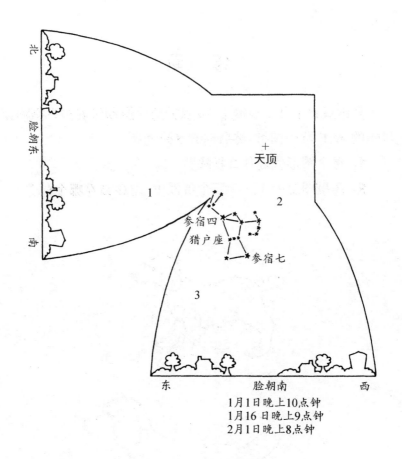

北

脸朝东

南

1

天顶

2

参宿四
猎户座

参宿七

3

东　　　脸朝南　　　西

1月1日晚上10点钟
1月16日晚上9点钟
2月1日晚上8点钟

小实验　黑色星云

实验目的

模仿黑色星云。

你会用到

一支铅笔，一张索引卡片，一把剪刀，一卷透明胶，一盏台灯，一张打印纸。

❶ 在卡片上画一幅马头的侧面像。

❷ 剪下马头侧面像,将其粘在铅笔上,使马的双耳指向铅笔的橡皮擦。

❸ 打开台灯,将打印纸放在离台灯约 30 厘米远的地方。

❹ 将铅笔放在打印纸和台灯之间,铅笔离开打印纸约 5 厘米的距离。

❺ 观看打印纸上的像。

在打印纸上能看到马头的黑影。

星云是由太空中的星际尘埃和气体组成的。黑色星云,就像实验中剪下的马头图样,会吸收光或散射光,结果就产生了黑色的轮廓像。位于猎户腰带中的参宿一附近的马头星云就是黑色星云的一个例子。由于它的黑色轮廓像马头,因此而得名。

练习题参考答案

1A. 解题思路

(1) 图形 A 是条小狗。

(2) 什么星团代表小狗?

答:图形 A 是小犬座。

1B. 解题思路

(1) 图形 B 是条大狗。

(2) 什么星团代表大狗?

答:图形 B 是大犬座。

2. 解题思路

大犬座在猎户座的下面和东面。

答:图形 B 在位置 3 上。

附录 四季星图

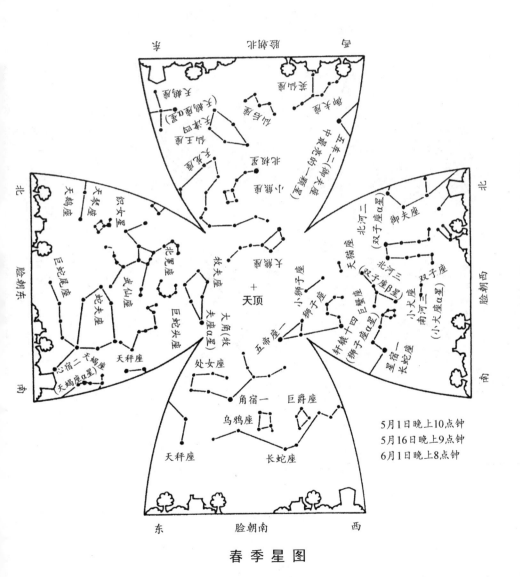

5月1日晚上10点钟
5月16日晚上9点钟
6月1日晚上8点钟

春季星图

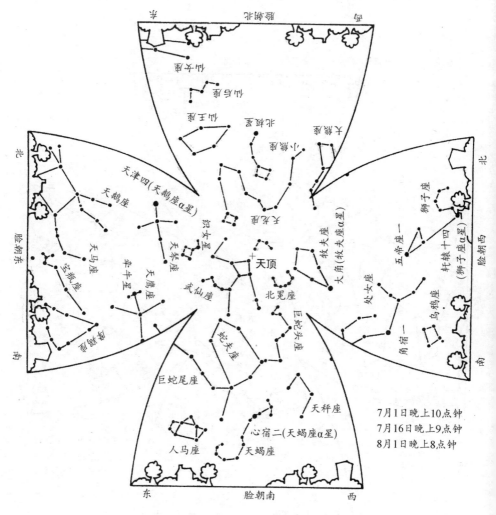

夏季星图

7月1日晚上10点钟
7月16日晚上9点钟
8月1日晚上8点钟

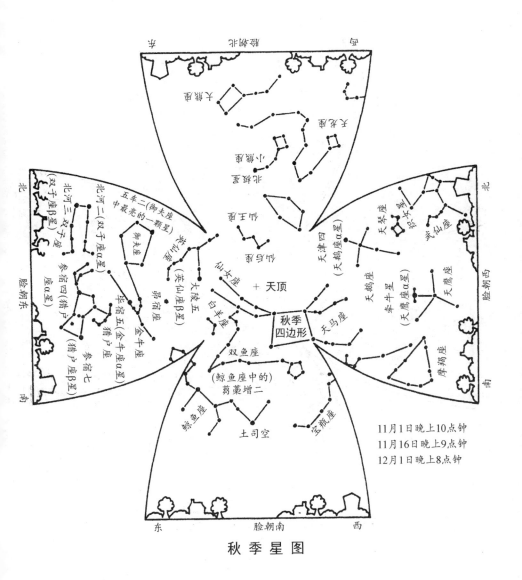

秋季星图

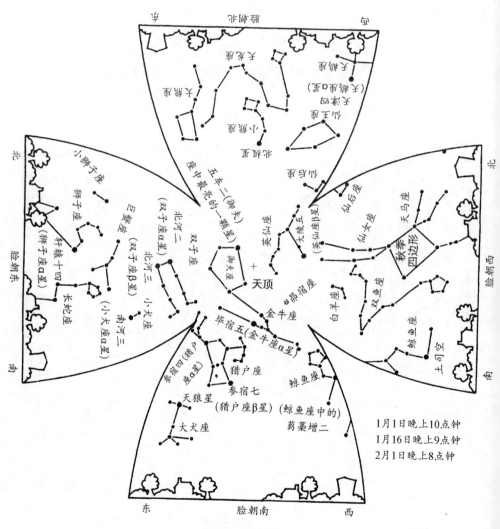

冬季星图

译者感言

你在哪里可以找到狮子座？如何使用星图找到天体？怎样才能把星座移入你的房间？最古老的恒星是什么？银河系是如何得名的？在这本书中，你可以探索和寻找以上问题及其他问题的答案。你可以在户外找到天龙座、天秤座、长蛇座、武仙座、仙王座、仙后座、仙女座等星座；你可以通过星图了解很多有关天体的知识；制作一个星盘，你就可以追踪恒星的运行情况；找一个气球，它会告诉你有关恒星的知识；通过做实验，比如制作天文学家用的手电筒，用鞋盒制作天象仪等，这本书就可以让你和不同的恒星亲密接触。

在翻译此书的过程中，我得到了陆钰明、唐根金两位翻译专家的大力帮助。在对一些星座的探究中，陆小帆给了我很多指正。在本书的翻译过程中，得到了以下人员的大力支持和帮助，特此一并表示感谢：李名、俞海燕、吴法源、李清奇、陆霞、张春超、庄晓明、沈衡、文慧静。同时特别感谢本书的策划编辑石婧女士。

（注：本书译者为上海第二工业大学英语语言文学学科金海翻译社成员）